KB253962

공간 안에서

SPACE
WITHIN

건축의
시작과 끝

로버트 맥카터 지음

박은주·이근혜 옮김

건축의
시작과 끝

공간 안에서

SPACE
WITHIN

연세대학교출판부

차례

예배자들의 내부 경험이 예배당의 공간 배치, 건축 구조, 자연광, 음향,
방향을 설정한다.
알바르 알토, 독일 볼프스부르크 교회, 성소 내부.
1983년 9월 29일 스케치.

서론. 내부 공간 경험의 중요성

인류 역사 전반에 걸쳐 내부 공간과 그 안에서의 경험은 건축의 시작이자 창조적 영감을 불러일으키는 원천이었고, 궁극적으로 거주*를 위한 건축의 최종 목표이기도 했다. 근대 초기부터 오늘날까지, 건축 디자인의 중요한 개념들은 친숙한 내부 공간 경험이라는 창조적 이상에서 비롯되었다고 볼 수 있다. 이러한 거주자(집뿐 아니라 모든 공간의 사용자)의 내부 공간 경험의 퀄리티는 건축 디자인 프로세스의 핵심적인 결정 요소이며, 동시에 건축물이 완성된 이후 그 가치를 적절하게 평가하는 중요한 기준이 될 수 있다. 이 책은 19세기 후반부터 오늘날까지 이어진 현대 건축의 흐름 속에서 실내 공간이 얼마나 중요한 위치를 차지

---

*   거주는 단순한 주거공간에만 국한하는 것이 아니라, 건축물 내부 공간에서의 인간의 머무름, 움직임 등을 의미하며, 거주자 역시 공간의 사용자를 의미한다. (각주는 모두 옮긴이 주이다.)

해 있는지에 대해 깊이 있게 탐구한다. 여러 세대의 건축가들이 설계 과정에서 내부 공간과 그 경험적 요소를 매개로, 전통적인 건축 디자인의 방식과 목표를 어떻게 근본적으로 변화시켜 왔는지에 주목한다. 오늘날 가장 인정받고 존경받는 많은 건축가들에게도 실내 공간의 경험에 대한 개념은 여전히 건축의 중요한 시작점이자 영감의 원천이다. 그리고 거주할 수 있는 공간을 창조하는 일은 여전히 건축이 추구하는 궁극적인 목적임을 말해준다.

건축을 구상하고 구현하는 과정의 시작부터 살펴보자. 건축 작품의 초기 개념은 프랭크 로이드 라이트(Frank Lloyd Wright)가 말한 '공간 안에서(Space Within)'라는 개념에서 출발한다. 공간적으로 혁신적인 내부 영역은 디자인 프로세스의 초기 단계에서 고려되며, 궁극적으로 외부 형태를 감싸거나 재료를 입히는 데 적합하다고 여겨진다. 하지만 실내 공간의 경험적 영향은 외부 형태의 시각적 충격보다 훨씬 더 강력하다. 하지만 오늘날 실내 경험의 중요성을 강조하기 위해서는 현대 사회가 건축 외관의 시각적, 물리적 형태에 집착하는 문화적, 사회적 경향과 맞서야 하며, 외부 형태에 대한 지나친 집중으로 인해 내부 공간 경험을 무심코 간과하는 우리의 시선을 재정비해야 한다. 건물의 외부 형태를 멀리서 바라보는 시각적 경험은 건물을 단순히 미적 사유의 대상으로 바라보지만, 내부 공간에서의 경험은 우리를 공간 속으로 깊숙이 끌어들이며, 모든 감각을 자극하고 촉각적 친밀감을 구체화할 수 있도록 공간을 우리에게 가까이 다가오게 만든다.

초기 근대 건축에서 가장 중요한 세 가지 '공간 발견'으로 인정받는 개념들은 모두 내부 공간 경험에 대한 영감에서 시작되었다. 이들은 오늘날에도 여전히 건축의 주요한 원리로 작용하며, 현대 작품들을 형성하고 있다. 첫 번째로, 라이트에 의해 제시된 '우븐 플랜(woven plan)'은 외부에서 보아서는 내부의 역동적인 공간 구조를 전혀 알 수 없는 디자인을 의미한다. 아돌프 로스(Adolf Loos)의 '라움 플랜(raumplan)'은 각 방이 고유한 비례와 단면을 가지고 있으며, 집의 다른 방들과 유기적으로 연결된 내부 지형을 만들어낸다. 이는 공간을 다층적으로 분할하여 새로운 평면도를 만들어낸 개념이다. 마지막으로, 르코르뷔지에(Le Corbusier)의 '자유 평면(plan livre)'은 자유롭게 휘어진 벽으로 구성되어, 거주자가 공간을 거닐 때마다 방들이 서로 다른 관계로 변화하는 다이내믹한 내부 공간을 형성한다. 이 세 가지 공간적 발견은 여전히 현대 건축에서 빛나는 중요한 공간 개념으로 인정받고 있다.

초기 모더니즘 운동에서 등장한 대부분의 공간 개념들은, 내부 공간의 목적지에 이르기까지 눈과 몸의 경로가 정확히 일치하는 에콜 데 보자르(Ecole des Beaux-Arts) 건축 디자인 방식에 대한 반발로 발전되었다. 당시의 지배적인 방식과는 달리, 초기 모더니즘은 시선과 신체의 동선이 다르다는 점을 강조했다.

시각적 경험이 우리의 다른 감각을 지배하며 공간에서 신체의 위치에 대한 촉각적이고 통합적인 감각을 억누르는 시각 중심적 접근법과 달리, 초기 근대 건축은 시선과 몸이 같은 경로를 따르지 않음을 강조했다. 즉, 거주자는 건물의 중심축을 따라 동일한 순서로 공간을 보고 이동하는 대신, 수평과 수직으로 구불구불하게 이동하면서 다양한 시점에서 공간을 동시에 지각하는 방식, 즉 일종의 입체파적 특성을 공유한 것이다.

건축을 내부 공간으로 정의하는 전통적 방식은 건물을 단순히 외부 형태로 보는 것이 아니라, 내부 공간을 감싸는 외부 표면, 즉, 거주 공간의 '피부'로 개념화한다. 이는 건물이 내부 공간에서의 경험과 거주가 외부 형태가 설정한 한계와 그 경계 안에서 펼쳐지는 공간으로 작동하는 것을 의미한다. 루이스 칸(Louis Kahn)은 이러한 경계 내의 공간을 '공간들의 사회(a society of spaces)'*로 새롭게 인식하고 재정의했다. 이는 각 공간이 특정한 용도와 기능을 수용하는 동시에 계획되지 않은 만남과 우연한 만남의 장소, 즉 사회적, 문화적 관계가 형성되는 장소를 만드는 방식을 암시한다. 결국 이 개념은 모든 건물의 가장 중요한 기능이 그 안에서의 경험을 풍부하게 하고, 공간 속에서 펼쳐지는 삶의 질을 더 나은 방향으로 이끄는 것임을 의미한다.

중첩된 형태로 구성된 각 실의 내부 공간 경험은 친밀하면서도 광대함을 동시에 느끼며, 우리를 우주와 연결시키는 동시에 현실적인 촉각적 경험을 제공한다. 현대 건축가들이 이러한 상반된 감각에 주목한 것은, 경험의 섬세함을 깊이 이해하고 이를 통해 우리의 기억 속에 오래 남는 작품을 만드는 데 기여했다. 이는 건축가들이 내부 공간 디자인에 집중한 결과로, 이러한 공간은 우리를 대지와 하늘, 먼 지평선과 연결해주는 광활한 경

---

*   칸의 '공간들의 사회' 개념은 각 공간들이 서로 개방되어 있어 광범위한 공간적·시각적 연속성을 만들어 내는 공간을 의미한다. 칸은 역사적으로 서양 건축물의 대부분이 갖고 있는 폐쇄성을 피하고, 마찬가지로 자유 평면의 공간 경험의 종종 불명확하거나 변형된 성격을 피하기 위해 구분이 되어 있지만 서로 상호 연결이 가능한 공간을 제안했다.

험을 선사하면서도, 동시에 세심한 규모와 디테일로 둘러싼 친밀한 공간 경험을 함께 제공한다.

건축이 경험과 기억을 담는 공간을 만드는 방식은, 그 공간이 만들어진 순간의 기억이 울려 퍼지고, 동시에 멀리 지평선까지 확장되는 느낌을 거주자에게 전달하면서, 편안하고 친밀한 안식처로서의 역할을 수행할 때 드러난다. 이러한 공간들은 그들이 형성된 과정과 기억이 공존하는 구조, 재료, 가구 속에서 그 특징이 고스란히 드러난다. 또한, 하루와 계절, 일 년 내내 빛의 변화에 따라 생명을 얻은 방과, 그 안에서 이루어지는 일상의 의식과 완벽하게 맞물리는 공간에서도 이 개념은 더욱 뚜렷하게 나타난다. 문학 작품 속에서 공간은 작가의 삶과 기억을 형성하는 요소를 보여주고, 문학에 묘사된 등장 인물을 통해 이를 명확히 드러낸다. 이와 마찬가지로, 건축가들도 내부 공간의 경험을 우선시하며, 이를 통해 일상적인 의식과 삶의 여러 사건들이 펼쳐지는 배경을 만들어낸다.

언뜻 역설적으로 들릴 수 있지만, 건축에서 내부 공간의 우선성 개념은 외부 환경을 내부 공간에서 경험한다는 것이 중요하다. 우리의 기억 속에 남는 대표적인 내부 공간을 설계한 건축가들은 늘 지역의 기후, 계절의 변화, 자연광의 미묘한 흐름, 그리고 건축물이 위치한 넓은 환경에 민감하게 반응해왔다. 그들은 이러한 요소들을 내부 공간에서 거주자의 경험을 풍부하게 만드는 수단으로 어떻게 활용할 수 있을지 끊임없이 고민했다. 알도 반 에이크(Aldo van Eyck)는 사람이 거주하는 모든 공간, 심지어 외부 공간조차도 본질적으로는 내부 공간이라고 믿었다. 그는 사람이 설계한 모든 공간 즉 내부이든 외부이든, 방이든 거리이든, 궁극적으로 내부 공간으로서 구성되고 경험되어야 한다고 주장했다.

지속 가능한 건축물은 그 장소의 특성에 깊이 뿌리내린 내부 공간을 갖추고 있으며, 최소한의 자원으로 환경에 미치는 영향을 줄이면서도, 거주자들에게는 자연과의 관계를 극대화시켜 다양한 경험을 선사한다.

건축을 평가하는 유일하고 적절한 방법은 그 공간을 직접 경험하는 것이다. 특히, 내부 공간의 점유 방식(거주자에 의해 사용되는 방식), 건축물의 구축 방법과 재료, 그리고 이들 간의 상호 관계에 중점을 두어야 한다. 비록 내부 공간에서의 경험이 건물에 거주하는 모든 사람들에게 중요한 요소이지만, 현대 건축에서 여전히 많은 디자이너들이 시각적 형태와 외관에 집중하며 이러한 측면을 간과하고 있다. 따라서 이 책에서 강조하고자 하는 점은 건축 디자인은 건물의 외부 형태가 아닌 내부 공간 경험, 즉 공간 안에서 생활하는 것에 기반을 두고 재정의되어야 한다는 점이다. 이는 건축물을 외부에서 바라보는 시각적 인상보다, 그 내부 공간에서 살아가는 경험이 더욱 중요하다는 것을 의미한다.

이러한 관점에서 건축은 단순히 건축이 어떻게 생겼는지가 아니라, 그 내부 공간이 인간의 삶을 어떻게 수용하는지, 그 건축물이 그 장소와 그곳에서 이루어진 인간의 공간 점유 역사와 어떻게 연결되는지, 그리고 어떤 재료와 구조를 통해 지어졌는지에 따라 평가되어야 한다. 이 모든 요소는 그 공간을 경험하는 사람들에게 깊은 영향을 미친다. 오늘날 우리는 거주자의 내부 경험이 건축 디자인의 시작점이자 궁극적 목표임을 재인식

할 필요가 있으며, 이러한 요소들이 반영된 고대의 지혜에 다시
귀를 기울여야 한다.

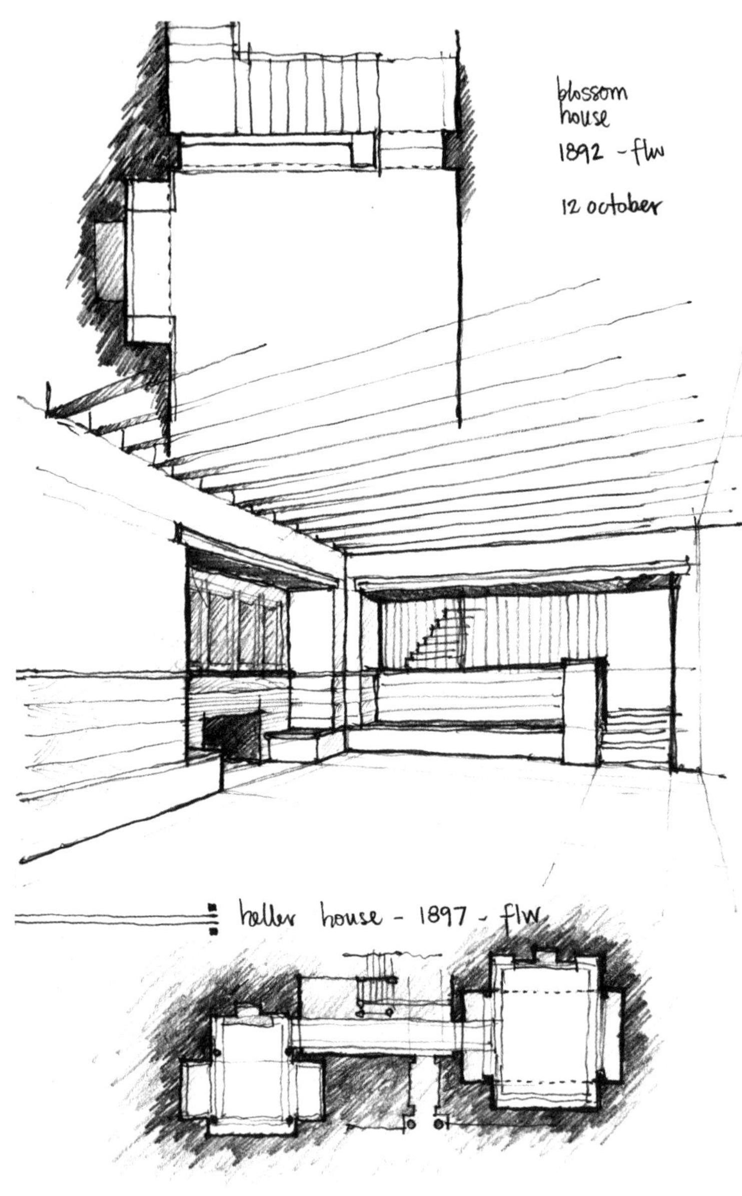

전통적인 외형을 가진 건축물 안에서 초기 모더니즘의 공간 볼륨과 경험적 특성이 발전
하는 과정, 안쪽으로 꺾여 들어간 코너와 십자형 평면과 같은 요소를 포함한 공간 구성.
라이트의 시카고 블로섬 하우스, 일리노이주 시카고.
중앙 계단 홀과 평면도 분석(상단 및 중앙), 헬러 하우스, 평면도 분석(하단).
1985년 10월 12일 스케치.

하나. 건축의 기원, 내부 공간

건축이 시작된 이래로 혁신적인 실내 공간(rooms)들은 디자인 단계의 초기에 등장하여, 내부를 감싸는 외부의 형태보다 훨씬 더 강렬한 경험을 제공해왔다. 역사 속에서 완전한 내부 공간으로 정의된 초기 건축 사례를 살펴보면, 대부분 외부 형태 없이 내부의 방(room)*들로만 이루어져 있으며, 언덕에 자리한 입구를 제외하고는 외부가 거의 드러나지 않는다. 예를 들어, 몰타섬의 동굴 모양으로 조각된 사원, 이탈리아의 에트루리아 무덤(Etruscan tombs), 인도 아잔타(Ajanta)의 석굴, 이집트의 아부심벨(Abu Simbel) 신전 등이 그러하다. 이 건축물들은 외관보다는 내부 공간의 경험을 우선시하며, 마치 돌로 직접 조각된 것처럼 내부 공간을 형성했다. 고대 그리스 크레타섬의 크노소스 궁전(Palace of Knossos)

---

*   여기서 방의 의미는 주거 공간의 방이 아니라 내부에 형성된 구분되어진 각 공간을 의미한다.

과 미케네(Mycenae) 도시와 같은 건축물들도 대부분 내부의 미로와 같은 공간을 중심으로 경험되었으며, 그 공간적 특성이 더 중요한 역할을 했다. 이러한 사례의 대부분은 모계 중심 사회 구조를 기반으로 한 문화권에서 다수 나타났으며, 몰타의 조각된 공간(동굴형 공간)은 여성을 상징하는 '자궁과 같은 공간(womb-like)'으로 묘사되어 포근하게 감싸는 내부 공간 경험을 제공한다. 이러한 건축물들은 외부보다 내부에서의 경험이 중심이 되는 안락하고 감싸는 듯한 공간으로 그려진다.

많은 고대 건축물들은 지상에 세워져 외부 파사드(façade)가 드러나지만, 실제로 땅 속에 묻히지 않더라도 내밀한 내부 공간 경험을 제공할 수 있음을 보여준다. 이집트 에드푸(Edfu)의 호루스 신전(Temple of Horus)의 거대한 돌벽으로 둘러싸인 어둠이 깔린 내부 공간은, 이집트 사회에서 가장 귀중하고, 성스러운 공간이었다. 흥미롭게도 이집트식의 매스 형태(mass-shaped)로 만들어진 내부 공간을 보완하는 것은, 일본의 전통 건축처럼 가벼운 목재 프레임과 얇은 스크린으로 구성된 건축물들이다. 일본 건축물은 지면 위에 세워졌지만, 그 내부 공간은 마치 땅 속에 묻혀 있는 것처럼 깊은 그림자와 어둠이 드리워져 있다.[1]

내부 공간을 가장 위대하게 형성한 문화는 고대 로마 문화였다. 그 정수는 판테온(Pantheon)에서 전형적으로 드러난다. 판테온은 두께 6미터에 달하는 거대한 벽이 조개껍데기나 거푸집처럼 내부 공간을 감싸며 구형의 볼륨을 형성한다. 이 공간은 중앙의 돔 천정을 통해 하늘과 연결되어 우주의 축을 상징하며, 볼록한 바닥은 '세상의 중심(navel of the world)'이 되어 땅과 결합한다. 이 위대한 내부 공간은 고대 로마인들이 세계를 내부 공간으로 인식하고, 그 안에서 인간의 삶이 이루어지는 우주론적 개념을 건축을 통해 현실로 구현한 것을 잘 보여준다.

건축의 기원으로서의 내부 공간과 그 안에서의 경험에 대한 중요성은 근대 건축 초기에도 깊이 자리하고 있었다. 근대 건축의 시작을 알리고 영감을 불어넣은 라이트는 외부 형태보다는 내부 공간이야말로 직접적인 경험과 밀접하게 연관되어 있다고 믿었다. 라이트는 건축가에게 가장 중요한 과업은 '방, 그 단순한 방(the room, the simple room)'을 만드는 것이라 강조하며, 이를 '공간 안에서'라고 불렀다. 이러한 개념은 그가 1906년 유니티 템플(Unity Temple)을 설계할 때 명확하게 표현되었으며, 1931~1932년 자신의 자서전을 집필하면서 다음과 같이 서술했다.

내부 공간이야말로 건축의 진정한 본질입니다. 내부 공간 자체가 존재하지 않으면, 건축 역시 존재할 수 없습니다……. 건축의 형태는 단지 기능을 따르는 것이 아니라, 공간을 감싸는 개념으로 이루어져야 합니다. 이제 둘러싸인 공간, 즉 내부 공간이야말로 건물의 본질로 인식될 수 있습니다……. 건물은 이제 빛으로 가득 찬 내부 공간을 형성하는 존재가 되었습니다……. 그 내부에서 느껴지는 감각, 즉 내부 공간 자체를 완성시키는 것이야말로 가장 중요한 일이라고 생각합니다.[2]

라이트는 내부 공간이 '반드시 드러나야 한다'고 주장하며, 외부의 형태는 그 내부 공간을 담고 표현하기 위해 형성되어야 한다고 강조했다. 그는 내부 공간이 외부 형태보다 먼저 정의되어야 하며, 건축은 '내부 공간을 감싸는 형태로 구성되어야 한다 (conceived as space enclosed)'고 주장했다. 이는 건축의 본질이 외부의 형태가 아닌, 내부 공간에서의 경험에 있다는 그의 철학을 명확히 반영하고 있다.

라이트는 '진정한 건축은 네 개의 벽과 지붕으로 만들어진 것이 아니라, 그 안에 존재하는 내부 공간에 있다'고 주장했다.[3] 이 말은 라이트가 1917년부터 1922년까지 일본에 머무르며 읽은 오카쿠라 카쿠조의 『차의 책』(The Book of Tea)에서 인용한 구절이다. 라이트는 위스콘신주와 애리조나주에 있는 자신의 집을 꾸밀 때, 종종 큰 항아리나 꽃병과 같은 속이 빈 그릇을 사용하여 주변 건축물을 보완하는 데 사용했다. 공간과 그릇의 본질에 대한 그의 견해는 오카쿠라가 고대 중국의 시인이자 철학자인 노자의 말을 인용한 데서 깊은 영향을 받았다.

오직 비움 속에서만 진정한 본질을 발견할 수 있습니다. 예를 들어, 공간의 본질은 지붕과 벽 자체에 있는 것이 아니라, 그들이 둘러싸고 있는 텅 빈 공간에 있습니다. 물병의 가치는 그 형태나 그것을 만든 재료에 있는 것이 아니라, 물을 담을 수 있는 그 속의 빈 곳에 있습니다. '비움'은 모든 것을 담고 있기 때문에 잠재적입니다. 오직 이 '비움' 속에서만 자유로운 움직임이 가능해집니다.[4]

이러한 '텅빈 공간'으로 이해되는 내부 공간은 사람들이 거주하고, 생활하며, 활동하고, 일상적 의례를 수행할 수 있는 장을 제공한다. 라이트와 동시대를 살았던 시카고 출신의 심리학자 존 듀이(John Dewey) 또한 건축을 '움직임과 행위'를 위해 형성된 내부 공간이라고 정의했다.[5]

　라이트의 주요 공간 개념과 질서 원칙은 오늘날 근대 건축의 발전에 있어 중요한 요소로 인정받고 있다. 이러한 원칙들은 처음에는 거주자가 생활하는 내부 공간의 정의와 그 공간을 감싸는 방식으로 구현되었으며, 나중에 라이트가 적절하다고 생각한 외부 형태로 완성되었다. 라이트의 초기 주택 외부 형태는 그 시대의 전형적인 스타일을 따르고 있지만, 실내 공간은 개방적이고 공간 간의 상호작용이 두드러지는 특징을 지닌다. 이러한 특성은 특히 1902년 이후 라이트의 프레리 스타일 건축(Prairie period architecture)이 찬사를 받는 이유 중 하나이다. 하지만 사실 '공간 안에서'의 독창성은 그가 설계한 주택의 거주자들이 이미 10년 전에 경험했던 것이다. 1890년대부터 시작된 라이트 주택의 내부 공간에 표현되는 창의적인 접근은, 그 주택을 방문한 사람이나 평면도를 살펴본 사람이라면 누구나 느낄 수 있는 부분이다. 그러나 근대 건축 문헌에서 라이트와 그의 위치에 관한 논의에서는 그의 초기 주택들이 제공하는 내부 공간의 경험적 특성에 대해 거의 언급하지 않고 있다.

　라이트의 내부 공간에 대한 초기 아이디어는 그가 시카고에 있는 아들러 & 설리번(Adler & Sullivan) 사무실에서 하루 일과를 마친 후, 저녁에 집에 돌아와 설계했던 초기 주택 '달빛(moonlight)'에서 엿볼 수 있다. 이 주택은 라이트가 1983년 자신의 사무실을 설립하기 이전에 지은 것이다. 1892년에 지어진 에먼드 하우스(Emmond House), 파커 하우스(Parker House), 게일 하우스(Gale House)의 외부 형태는 경사진 지붕, 탑 모양의 타워, 베이 윈도(Bay Window, 돌출 창)를 갖춘 빅토리아 시대 주택의 전형적인 모습을 하고 있어, 얼핏 보면 라이트의 디자인으로 보이지 않는다. 그러나 이 세 주택의 평면도를 살펴보면, 중앙 벽으로 공간이 나누어져 있으며, 한쪽에는 주방과 서비스 공간, 다른 한쪽에는 세 개의 연결된 공용 공간이 대칭적으로 배치되어 있다. 이 구성은 '트라이파티트 플랜(tripartite plan)'*으로, 이미 1892년 이 세 채의 주택에서 완전히 구현되었으며, 라이트는 9년 후인 1901년《레이디스 홈 저널(Ladies' Home Journal)》에 이 계획을 처음 발표하면서 프레리 하우스(Prairie House)의 두 가지 주요 평면 유형 중 하나로 확립되었다.

1892년에 지어진 맥아더 하우스(McArthur House)는 베이 윈도를 갖춘 1층 현관 위에 거대한 박공 지붕이 얹힌 전통적인 외관 형태를 하고 있으며, 거리를 따라 늘어선 동시대의 다양한 빅토리아 양식의 주택과 매우 유사한 모습이다. 그러나 이 주택의 평면도는 독특한 공간 구성을 보여준다. 현관과 식당 사이에 독립된 벽난로가 설치되어 있으며, 벽난로 양옆으로 열린 통로가 방을 하나의 확장된 공간으로 연결한다. 이 공간 구성은 16년 후 라이트의 대표적인 프레리 하우스인 1908년 로비 하우스(Robie House)에서 다시 등장한다. 맥아더 하우스 옆에는 1892년에 건축된 블로섬 하우스(Blossom House)가 자리하고 있다. 외부에서 보면

---

*   '트라이파티트 플랜'은 라이트가 발전시킨 대표적인 평면 유형 중 하나이다. 두 개의 주요 볼륨이 서로 중첩되어 중앙에 정사각형 공간을 형성하는 구조로, 건물을 세 부분으로 구분하여 각각의 공간이 특정한 기능을 수행하도록 구성되어 있다. 보통 거실, 식당과 같은 공용 공간, 개인 공간, 서비스 공간 등으로 구분하여 배치하는 구조이다. 이러한 구성은 공간의 흐름과 기능적인 관계를 명확하게 하며, 내부 공간의 유동성과 개방성을 강조한다.

피라미드 형태의 지붕과 사각형의 매스감을 지닌 전형적으로 고전적인 구성을 보여주며, 모서리 부분이 돌출되고, 중앙의 베이가 내려앉은 형태를 띤다. 블로섬 하우스의 평면 계획은 큰 정사각형이 아홉 개의 작은 정사각형으로 나뉘어 있으며, 각 면의 중앙 베이가 오목하게 들어가 십자 모양을 이룬다. 이러한 십자형 정사각형 평면은 라이트의 프레리 시대(Prairie period)를 대표하는 가장 중요한 평면 유형 중 하나로, 14년 뒤인 1906년 유니티 템플 설계에서도 사용되었다.

블로섬 하우스 내부에는 라이트가 그의 작품 활동 전반에 걸쳐 사용한 몇 가지 공간 구성 개념의 초기 사례들이 드러난다. 여기에는 중앙 동선 축이 차단되고, 서로 겹치고 상호 침투하는 공간들, 천장에 닿지 않는 독립된 스크린 벽, 안쪽으로 접히고 다시 밖으로 펼쳐지는 모서리를 형성하는 벽 등을 포함한다. 특히 폴디드 월(folded wall)**은 내부 볼륨 내에서 공간의 연속성을 만들어주어, 개방적이면서도 동시에 그곳에 사는 사람들을 감싸는 듯한 공간의 경험을 제공한다 라이트는 이를 '연속성'이라 부르며, '폴디드 월'에서 쉽게 확인할 수 있다고 설명했다.[6]

근대 시대의 가장 영향력 있는 건축가 중 한 명인 르코르뷔

**   라이트의 폴디드 월과 폴디드 플랜(folded plan)은 공간의 유동성과 연결성을 강조하면서 전통적인 건축 방식에서 벗어나 새로운 디자인 접근 방식을 시도했음을 보여준다. 폴디드 월은 벽이 단순한 수직면이 아니라 다양한 각도로 접혀서 공간을 형성하는 디자인을 의미하며, 내부 공간을 정의하는 요소이다. 또한 벽 자체가 단순히 분리를 위함이 아니라 공간을 형성하는 중요한 요소로 작용하도록 했다. 또한, 폴디드 플랜은 평면도나 건물의 구조가 마치 종이를 접은 것처럼 다양한 공간을 서로 연결하고 중첩하는 개념을 의미하며, 라이트는 이를 통해 공간의 흐름을 유기적으로 만들고, 개별 공간들이 자연스럽게 연결되도록 했다.

지에의 작품에서도 내부 공간과 그 안에서의 경험은 중요한 요소로 작용한다. 라이트와 마찬가지로, 르코르뷔지에는 병이나 유리잔과 같은 그릇을 건축적 공간의 비유로 사용하여 공간의 특성과 그 경험을 설명하는 데 정교함을 보였다. 르코르뷔지에의 작업 과정은 스튜디오에서 그림을 그리고 사무실에서 건축을 디자인하는 일의 반복이었다. 그의 건물에 적용된 많은 내부 공간 개념은 초기 순수주의 정물화에서 처음으로 등장했는데, 이 그림들에는 병, 와인 잔, 기타와 속이 빈 형태들이 그려져 있다. 이러한 연구를 통해 르코르뷔지에는 건축을 '삶을 담는 그릇(A vessel of space for inhabitation)'으로, 집을 '가족을 담는 병(A bottle-like volume to contain the family)'과 같은 볼륨으로 정의했다. 1946년 마르세유에 지어진 공동주택 유니테 다비타시옹(Unité d'habitation)을 소개할 때, 르코르뷔지에는 전형적인 주거 공간의 그림으로 설명하며 '병'의 개념을 강조했다. 그는 '그림에 a) 원시적인 오두막, b) 유목민의 텐트, c) 병, d) 마르세유의 아파트를 묘사하며, 아파트는 또 다른 병'으로 묘사했다.* 아파트는 그 자체로 건물의 구조적 프레임과는 독립적으로 존재하며, 르코르뷔지에는 각각의 아파트(아파트의 각각의 집)를 '병'이라 부르고, 전체 건물을 '보틀랙(the bottle-rack, 병을 담는 선반)'으로 표현했다. 각 아파트는 '병처럼 하나의 완전한 요소로 간주되는 그릇' 즉, 독립적으로

---

*   '병'과 '아파트'는 모두 특정 공간을 담는 컨테이너로서 내부 공간을 둘러싸는 형태를 지닌다는 점에서 유사하다. 병이 그 내부 공간에 의해 정의되듯이, 르코르뷔지에의 디자인 철학에 따르면 각각의 아파트(집 단위)도 내부 공간에 의해 정의된다. 르코르뷔지에는 아파트를 '다른 병'이라고 부르면서, 병과 아파트가 공간을 담는 역할을 함으로써 유사성을 강조한다.

완성된 공간으로 정의되었다.[7]

1959년, 르코르뷔지에는 도미니카의 라 툴렛 수도원(La Tourette) 작업을 요약하며, 라이트와 노자의 말과 놀랍도록 유사한 방식으로 건축 내부의 거주 공간을 속이 빈 그릇에 비유하며 다음과 같이 말했다.

> 건축은 한 개의 꽃병입니다. 8년간 라 툴렛 수도원에서 일하면서 받은 가장 큰 보상은 그 꽃병 안에서 가장 가치 있는 것들이 자라고 발전하는 것을 지켜본 것입니다……. [수도원]은 건물 그 자체로 이야기하지 않습니다. 그 본질은 내부에서 삶이 이루어지는 곳에 있습니다. 진정한 본질은 바로 내부 공간에서 일어납니다.[8]

이 시기 르코르뷔지에의 그림은 초기의 얇고 투명한 그릇을 묘사한 정물화에서 벗어나, 점점 더 무겁고, 유기적이고, 오목하고, 속이 비어 있는 볼륨을 다루기 시작했다. 조개껍데기, 뼈 조각, 침식된 돌과 같은 자연의 형태들이 그 예로, 그는 이것을 '시적 반응을 일으키는 대상들(à réaction poétique)'이라고 불렀다. 이러한 변화는 그의 건축 작업에 있어서 내부 공간의 정서적 울림이 점점 더 중요한 요소로 자리잡았음을 보여준다. 르코르뷔지에는 이러한 공간을 '형언할 수 없는 공간(the ineffable space)'이라고 불렀으며, 이 공간들은 대개 두꺼운 벽으로 둘러싸여 마치 조각되거나 속이 비어 있는 형태로 만들어졌다.

르코르뷔지에는 1950년 롱샹 성당(Ronchamp)의 초기 콘셉트 디자인에서 건물을 예배 공간을 둘러싼 '껍데기(shell)'로 묘사했다. 굴곡진 벽면과 지붕의 초기 디자인을 위한 스터디 모형은 와이어프레임 위에 종이를 붙여 만들었으며, 내부에서 빛이 새어 나오는 등불처럼 표현되었다. 비록 건물의 최종 형태는 거대한 돌로 채워진 벽과 콘크리트 지붕으로 이루어졌지만, 르코르뷔지에는 등불 같은 모형이 내부 공간의 본질을 가장 잘 보여 준다고 생각했다. 이러한 디자인 접근 방식은 1958년 브뤼셀 세계만국박람회의 필립스관에서 잘 드러났다. 이곳의 내부 공간은 에드가르 바레즈(Edgard Varèse)와 이안니스 크세나키스(Iannis Xenakis, 르코르뷔지에의 아뜰리에에서 일했던 작곡가이자 건축가)의 전자 음악인 '포엠 일렉트로닉(poème électronique)'을 경험할 수 있도록 설계되었다. 르코르뷔지에는 롱샹 성당을 위한 연구 모델에서 조각가 나움 가보(Naum Gabo)의 작업 방식을 유사하게 적용하여, 곡면을 만들기 위해 와이어 프레임을 세우고 촘촘한 간격으로 배치된 와이어를 이용해 수직에서 수평으로, 그리고 다시 수직으로 회전하는 곡면을 형성했다. 르코르뷔지에는 이 파빌리온을 '병'에 비유하며, '외관은 단지 껍데기에 불과하고, 그 본질(raison d'être)은 내부에 있습니다'라고 말했다.[9]

건축 디자인의 개념적 기원이 내부 공간, 즉 방에서 시작되었다는 해석은 칸을 비롯한 근대 건축의 2세대 작품에서도 두드러지게 나타났다. 라이트와 마찬가지로, 칸은 자신의 작업에서 내부 공간과 그 공간에서 생활하는 사람들의 거주 경험에 초점을 맞추었으며, '방(내부 공간)은 건축의 시작이다'라고 말한 바 있다.[10] 그는 내부 공간이 그 공간을 사용하는 사람들에게 어떻게 형성되었는지를 보여줘야 한다고 믿었다. 그는 '[방]이 어떻게 형성되었는지 보고 싶기 때문에, 이 공간은 단지 둘러싸인 공간에 그치지 않고, 그 공간에 필요한 빛, 자연광을 고려하여 어떻게 만들어졌는지를 보여주어야 한다'고 주장했다.[11] 칸은 건축가가 디자인해야 할 것은 사람들이 공간의 사용 용도를 직감적으로 이해할 수 있는 공간을 만드는 것이며, '방은 이름 없이도 사용 용도를 암시할 수 있어야 한다'고 말했다.[12] 또한 그는 공간의 특성이 그곳에 거주하는 사람들의 행동과 경험에 깊은 영향을 미친다고 보았다. '방은 너무도 경이로워서 그 크기, 스케일, 벽, 창문, 빛─단순한 빛이 아니라 그 공간 안의 빛─ 이 모든 것이 여러분이 무엇을 말하고, 무엇을 하게 할지에 영향을 줍니다'고 말하며, 공간의 힘을 강조했다.[13] 칸에게 있어 건축이 이루어낸 가장 위대한 성취 중 하나는 강렬한 감동을 주는 내부 공간을 만드는 일이었다. 그는 종종 로마의 판테온과 피렌체의 산 조반니 세례당에 대해 이야기하며, 그 공간에서 머무는 경험이 자신을 어떻게 변화시켰는지 언급하곤 했다. '방은 너무나 섬세합니다'[14]라는 그의 말처럼, 건축의 본질은 내부 경험에 있다고 보았다. 이러한 깨달음으로 칸은 대학에서 전공을 예술에서 건축으로 바꾸었고, 나중에 건축은 '당신이 들어가서 경험할 수 있는 예술'이라고 말했다.[15]

많은 유명한 현대 건축가들도 디자인과 경험 모두에서 내부 공간의 중요성을 강조한다. 스티븐 홀(Steven Holl)은 수채화 스케치를 통해 디자인을 시작하는데, 이 스케치들은 주로 그 공간 내부에 있는 사람의 시각에서 바라본 장면을 담고 있다. 각 프로젝트에서 홀은 평면도나 전체 건물의 볼륨, 외부 형태를 전개하기 전에 먼저 내부 공간을 구상하고 기록한다. 헬싱키에 있는 키아스마 현대 미술관 설계 공모에서 심사위원단을 설득한 것도 바로 그가

구상한 미술관 내부를 그린 수채화 스케치였으며, 완성된 내부 공간은 그의 초기 스케치에서 표현된 내부 공간에 대한 정신과 경험적 특성을 그대로 유지하고 있다. 또한, 캔자스시티에 있는 넬슨-앳킨스 미술관 설계공모에서도 홀은 건물의 평면도나 단면도를 만들기 전에, 이사무 노구치 조각실에서 댄 카일리(Dan Kiley)가 설계한 외부 조각 정원을 바라보는 수채화 뷰를 먼저 그렸다. 홀은 '일단 콘셉트와 전략이 정해지면, 주요 내부 공간에서부터 건물 외부로 작업을 확장합니다. 왜냐하면 내부가 외부보다 항상 더 중요하기 때문입니다'라고 말했다.[16]

토드 윌리엄스(Tod Williams)와 빌리 치엔(Billie Tsien)의 작품 역시 내부 공간과 그 경험의 중요성을 강조하며, 이는 디자인을 구상하는 초기 영감, 디자인 개발의 결정 요소, 시공을 통한 구현, 그리고 완성된 작품을 평가하는 중요한 기준으로 작용한다. 그들은 건축에서 중요하게 여기는 가치를 '세상에 영원히 남는 것', 즉 세계(life world)에서 지속적으로 존재하는 요소로 설명한다.

중요한 것은 눈에 보이는 실제가 아니라, 기억 속에 남는 것입니다. 우리의 기억 속에 오래 남는 것은 바로 공간과 빛입니다. 오랫동안 지속되는 것은 모호하면서 서서히 드러나는 물질성입니다. 결국, 진정으로 지속되는 것은 내부 공간입니다. 건물이 중요한 이유는 그 내부 공간에 있기 때문입니다.[17]

라이트와 칸과 마찬가지로, 윌리엄스와 치엔 역시 디자인 과정을 거주자를 위한 내부 공간의 구상에서 시작한다. 그들은 '아이디어는 내부에서 비롯됩니다. 우리의 삶은 내부에서 펼쳐

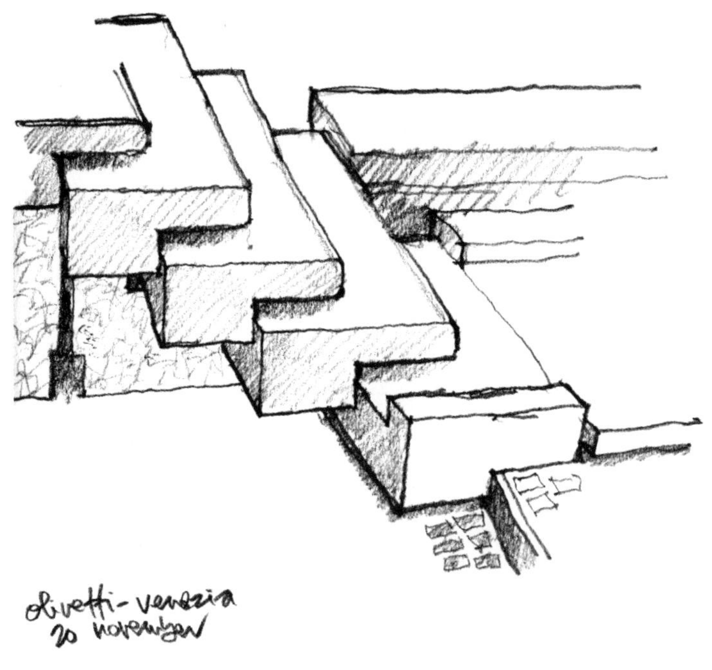

일상의 경험을 담은 순간. 지상에서 위층으로 이어지는 계단을 오르는 행위를 통해 공간의 이야기를 느낄 수 있는 장면.
카를로 스카르파, 올리베티 쇼룸, 이탈리아 베니스, 중앙 계단의 내부 디테일.
2012년 11월 20일 스케치.

지며, 나이가 들수록 외부의 중요성은 점점 희미해집니다'라고 말한다.[18]

이 장을 시작하며 언급했듯이, 건축의 본질에 있어서 내부 공간이 외부 형태보다 훨씬 중요하다는 개념은 건축의 기원이 동굴이나 조각 같은 내부 공간에서 비롯되었다는 인식에서 출발한다. 근대 초기에 라이트는 '내부 공간'을 동굴(cave)과 천막(tent) 두 가지 측면의 특성을 결합한 것으로 정의하며, 집 안 깊숙이 자리한 벽난로(hearth)를 중심으로 거주의 개념을 명확하게 표현했다. 건축의 기원으로서 내부 공간과 그것을 조각하는 행위 사이의 연관성은 예술 및 건축 역사가이자 비평가인 에이드리언-스토크스(Adrian Stokes)에 의해서도 제기되었다. 스토크스는 1930년부터 1967년까지 활동하며 주로 근대 이전의 예술 작품에 대해 저술했지만, 르코르뷔지에와 근대 건축 전반에 대해서도 글을 남겼다. 그의 비평적 글들은 화가 벤 니컬슨(Ben Nicholson)과 조각가 바버라 헵워스(Barbara Hepworth)와의 우정에서 큰 영향을 받았으며, 이 두 근대 예술가는 작품에서 '부조 조각(low relief carving)' 기법을 사용했다.

스토크스는 재료를 쌓아올려 채워진(솔리드한) 형태를 만드는 '모델링' 방식과, 기존의 형태 내에서 재료를 제거하여 비워진(보이드한) 공간을 만드는 '조각(carving)'의 차이를 명확히 구분하며, 건축을 만드는 행위는 주로 조각하는 행위와 관련된다고 주장했다.[19] 스토크스는 '원시 주거는 자연 요소에 의해 조각된 동굴'이라고 언급하며, 건축에서 조각과 공간 형성 간의 관계가 근대에도 이어지고 있다고 보았다. 스토크스는 현대 건축에서도 '조각과 공간의 개념이 그 힘을 새롭게 하는 원천'이라고 말했다.[20] 스토크스는 모델링의 쌓아올리는 과정이 재료나 그것이 만들어지는 장소의 고유한 본성과 특성을 고려하지 않고, 디자이너의 형태적 개념을 재료에 투영하고 강요하는 창작 행위라고 설명했다. 반면, 조각처럼 비워내는 과정은 창작이 아닌 구축의 행위이며, 이러한 방식으로 디자인을 발전시키고 전개하는 과정에서는 재료나 장소의 고유한 본성에 맞추어 콘셉트가 조정된다. 결과적으로, 건축가는 재료나 장소에 잠재되어 있는 고유한 공간 형태를 발견하고 드러낸다.[21]

스토크스는 모델링을 사전에 구상된 표면적인 외부 형태에 초점을 맞춘 과정으로 설명하며, 주로 시각에 의해 인식된다고 말했다. 모델링에 사용되는 재료는 주로 플라스틱과 같은 성질의 재료로, 이는 고유한 특성이 거의 없어 어떤 형태로든 원하는 형태로 쉽게 변형할 수 있다. 반면, 조각은 제작 과정에서 발견되거나 드러나는 내부 공간에 초점을 맞추며, 모든 감각이 조화롭게 작동하는 방식으로 인식된다. 조각된 재료의 견고하고 저항적인 성질은 주로 촉각을 통해 직접 경험되며, '우리가 공간을 손끝으로 만지며 느끼는'는 방식으로 체험된다.[22] 또한, 스토크스는 조각의 내부 공간적 가치는 쇠퇴하고 있으며, 이는 주로 신체적 움직임을 통해 경험되는 반면, 모델링의 외부 플라스틱 형태적 가치는 올라가고 있으며, 이는 오직 시각을 통해서 경험된다고 지적했다. 스토크스는 '사진은 플라스틱 가치를 매우 잘 전달하지만, 조각의 가치는 거의 전달하지 않는다'라고 지적하며, 조각의 본질적 가치를 시각적 매체로 온전히 표현하기 어렵다고 강조했다.[23]

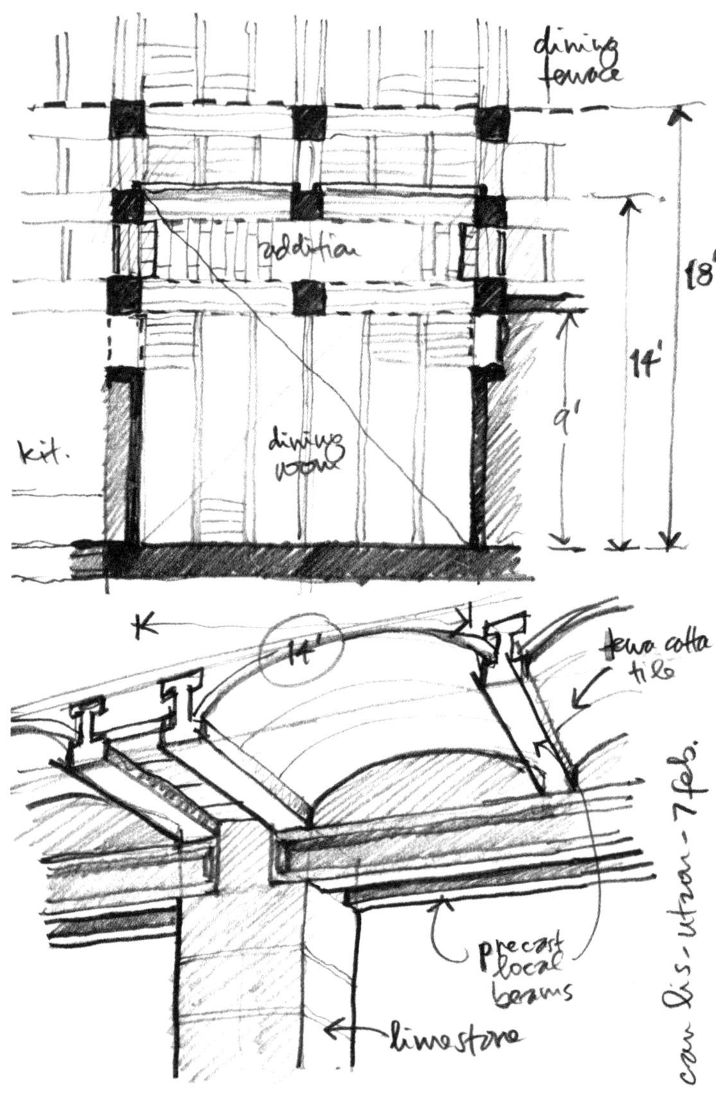

건축과 재료의 노출을 통해 집의 구조에 고정된 식당의 내부적 친밀감. 예른 웃손의 작품인 스페인 마요르카섬 칸 리스에서, 식당의 평면도와 후속 작업으로 평면을 정사각형으로 변경하고, 테라스로 이어지는 문이 추가된 모습(위)과 식당에서 바라본 천장과 지붕 구조의 세부(아래).
2015년 2월 7일 스케치.

둘. 친숙한 내부 경험과 낯선 외부 형태

오늘날 건축에서 공간 경험의 중요성을 명확히 하기 위해서는 현대 문화와 사회가 건축의 표현에 있어 외관과 외부 형태에 지나치게 몰두하는 현상을 극복할 필요가 있다. 이러한 접근은 건물을 단순히 독립된 미학적 대상으로만 바라보게 만들었으며, 건축물이 자리잡은 지형의 특수성, 기후 조건, 그 지역의 문화적, 사회적, 전통적 특성과 완전히 분리된 채로 인식되게 한다. 외부 형태에만 관심을 기울이는 우리의 태도는 내부 공간 경험을 제대로 이해하지 못하게 만들었다는 사실이 중요하다. 건축을 평가하고 이해하는 과정에서, 건축물의 외부 형태를 담은 사진이 사실상 유일한 '현실'로 간주되는 경향이 있다. 이는 건축 역사가, 비평가, 교육자, 건축가 들이 건물의 외부 형태에 집중하는 경향으로 이어졌다. 더욱 심각한 문제는 인터넷 게시물부터 인쇄된 출판물에 이르기까지 모든 유형의 미디어에서 건축의 외부 형태를 시각적으로 표현하는 데 집착하는 것이다. 이러한 미디어의 영향은 대중이 건축을 인식하고 이해하는 방식을 형성한다. 우리는 건축물의 외관이 그 작품을 평가하는 결정적인 요소라는 착각 속에서, 겉모습이 지배하는 시대에 살고 있다. 잡지, 책은 물론 주로 온라인에서 보는 건물의 사진을 통해, 실제로 그 공간을 경험하지 않고도 건축과 그 건축이 만들어낸 장소(오래된 것과 새로운 것)를 '안다'고 느낀다.[1]

핀란드 건축가 알바르 알토(Alvar Aalto)는 건축에서 중요한 것은, 건물이 준공된 후에는 어떻게 '보이는가'가 아니라 30년 후 그 안에서 '살기에 어떠한가'라고 말했다. 이 말은 건축이 외부 형태보다 사용자에게 제공하는 경험과 내부 공간에서 삶의 질에 중점을 두어야 한다는 근대 건축의 기본 원칙을 담고 있다.[2] 스토크스와 같은 비평가들과 함께, 라이트 역시 사진이 건축의 진정한 본질을, 즉 그 안에서 경험되는 방식을 제대로 담아내지 못한다고 비판했다. 라이트는 사진이 건축물의 외부 모습을 보여줄 수는 있어도, 건축을 '경험'하는 것은 전혀 다른 문제라고 주장했다. 그 대표적인 예가 1904년 뉴욕주 버팔로에 지어진 라킨 빌딩(Larkin building)이 1908년 건축 저널에 실렸을 때다. 라킨 빌딩을 직접 방문한 적 없는 러셀 스터지스(Russell Sturgis)는 사진만 보고 비평을 썼고, 이 비평에 대해 라이트는 날카롭게 비판했다. 특히 라이트가 가장 신랄하게 비판한 부분은 길 건너편 공장의 3층 창문에서 촬영된 건물의 광각 사진에 기반한 비평이라는 점이었다. 라이트는 건축은 그 내부 공간에서 직접 경험을 통해서만 진정으로 이해될 수 있고, 외부는 인간의 눈높이에서 바라봐야 한다고 강조했다. 건물의 본질은 '그 건물 내부에서 직접 경험했을 때 알 수 있다'라고 말한 것이다.[3] 사진은 결코 그

진짜를 담아낼 수 없음을 강조했다.

예술가이자 교육자인 요제프 알베르스(Josef Albers)는 1933년 바우하우스(Bauhaus)를 떠나 노스캐롤라이나주의 블랙마운틴 칼리지에서 강의를 시작한 후, 현대 사회가 기억보다 사진에 더 의존하게 되었다는 점을 강조했다. 알베르스는 일반 교육에서 시각적이고 공간적인 기억을 떠올리는 것을 훈련받지 않았기 때문에, 많은 사람들이 최근에 들었던 멜로디는 쉽게 기억할 수 있어도, 최근에 머물렀던 '공간과 볼륨의 확장(the extension of space and volume)', 즉 최근에 경험한 공간의 특징에 대해서는 거의 기억하지 못한다고 지적하며,[4] 이러한 사회적 경향이 문제라고 보았다. 알베르스가 이 문제를 처음 지적한 이후에는 경험과 기억에서 내부 공간에 대한 사회적 무관심은 여전히 개선되지 않았다. 마찬가지로, 아니 어쩌면 더 심각한 문제는, 오늘날 건축 학교에서조차 학생들이 내부 공간의 설계부터 시작하도록 하는 스튜디오 수업은 거의 찾아보기 힘들다는 점이다. 또한 학생들의 설계가 학기 동안 내부 경험을 중심으로 평가받고, 그 후에 외부 형태로 평가되는 경우도 거의 없다. 현대 건축이 외부 형태에 지나치게 집착하는 상황에서, 건축학과 교수들이 학생들에게 내부 경험의 중요성을 인식시키는 것은 매우 어려운 일처럼 보인다. 내부 경험이야말로 건축을 사용하는 사람들에게 가장 중요한 요소임에도 불구하고 말이다.

알베르스가 지적한 바와 같이, 건축물의 외부 형태만을 가치 있는 특성으로 인식하고 주목하는 사회적 집착은, 사진으로 담을 수 없는 건축 경험의 다양한 특성과 퀄리티를 인식하는 우리의 집단적 능력을 점점 약화시켰다. 이러한 외부 형태를 중시하는 경향은 건축분야뿐만 아니라 사회 전반에 걸쳐 나타나고 있으며, 이에 대해 교육자이자 건축가인 빌프리트 왕(Wilfried Wang)은 다음과 같이 언급했다.

교육부터 전문적인 건축 작업에 이르기까지, 대부분의 건축 이미지들은 사진을 통해 평가되고 결정됩니다. 이는 디자인된 복잡한 현상이나 구조가 사진 속에서 간소하고 명확한 이미지로 표현될 수 있는 정도를 말합니다. 이러한 미디어의 발전으로 인해…… 건축 담론이 이러한 문제들을 어떻게 다루어야 할지 모르는 상황에서, 건축 디자인의 여러 중요한 측면을 무시하게 만들었습니다. 소홀히 다뤄진 영역에는 일상적인 사용, 시간의 흐름에 따라 빛의 퀄리티와 풍경에 대한 인식이 변하는 과정, ……그리고 건물의 외부보다 오히려 더 많이 통과되고 사용되며 이동을 통해 경험되는 내부 공간과 그 상호 관계, 그리고 세부 사항들이 포함됩니다.[5]

많은 현대 건축을 고려할 때, 이러한 경향은 종종 해결할 수 없어 보이는 모순에 직면하게 된다. 이 모순은 외부 형태와 내부 공간이라는 상반되고 서로 배타적인 두 개념 사이에서 선택을 해야만 하는 딜레마에 빠지게 된다. 외부 형태는 대개 자기 지시적인 객체나 표면으로 나타나는 경향이 있지만, 내부 공간은 실제로 살아가며 경험하는 세계, 그리고 거주 공간이 지닌 본질적인 특성을 이해함으로써 비로소 형성된다. 약 50년 전, 네덜란드 건축가 반 에이크는 장소가 외부든 내부든 관계없이 항상 내부로 경험된다고 언급했다. 그는 '건축은 인간이 만든 환경이 시작되기 전 존재하는 '외부'뿐만 아니라, 외부와 내부 모두에서 '내부'를 창조하는 것을 의미한다'고 말했다.[6] 이 말은 반 에이크가 말하는 '외부'가 단순한 미학적 오브제로 인식된다는 점을 명확하게 보여준다. 외부 형태와 내부 공간 사이의 대립은 현대 건축가들에게 두 가지 상이한 디자인 방향 중 하나를 선택해야 하는 상황을 제시하는 것처럼 보인다.

반 에이크가 내부든 외부든 모든 설계된 공간을 '내부'로 정의한 것과, 라이트가 앞서 제시한 외부 형태는 '내부 공간이 드러나는 결과'라는 원칙은, 외부와 내부라는 이분법적 구분이 건축 디자인에 있어 실제로는 본질적이지 않음을 시사한다. 건축사학자 데이비드 반 잔텐(David Van Zanten)은 건축 디자인 과정이 그 결과물인 건축물의 특성을 결정한다고 주장했다. 그는 루이스 설리번(Louis Sullivan)과 라이트의 시대에 에콜 데 보자르에서 배운 디자인 방식과 칸 시대의 많은 국제 스타일 건축가들이 채택한 방식이 실제로는 디자인 과정이 아니라, 선례에 따라 건물 형태를 미리 정하는 '명령의 예술(art of command)'에 불과하다고 비판했다. 이 방식에서는 건물 내부에서 이루어질 활동이나 건물을 구성하는 재료가 디자인에 아무런 영향을 미치지 않는다. 반면, 반 잔텐은 설리번, 라이트, 그리고 칸이 추구한 것은 기능과 형태 사이의 적합성을 찾는 '양육의 예술(art of nurture)'이라고 보았다. 이는 건축가가 건축 내부에서 일어나는 인간 행위에 맞춰 공간을 형성하고, 재료의 특성이 디자인에 중요한 영향을 미치는 과정이다.[7] 반 잔텐의 '양육의 예술'은 스토크스가 정의한 '조각'과 밀접하게 맞닿아 있으며, 이는 내재된 본질을 드러내는 것으로, 사전에 정해진 형태를 강요하는 '모델링(modeling)'

과 대조된다. 칸은 이를 두고 '나는 본질을 가르칩니다. 나는 다른 것은 가르치지 않습니다'라고 말하며 디자인의 본질을 강조했다.[8]

건물의 외부 형태를 단순히 시각적으로만 경험하고 그것을 하나의 독립된 조각품처럼 인식하는 거리감과 달리, 내부 공간을 경험할 때 방은 실제로 우리를 완전히 둘러싸며 촉각, 청각, 후각, 미각, 시각을 포함한 우리의 모든 감각을 동원해 친밀한 경험을 만들어낸다. 모더니즘이 시작되기 훨씬 전인 1894년, 라이트는 건축이 본질적으로 '거주할 수 있는 공간'을 만드는 것으로 정의되어야 한다고 주장했으며, 35년 후에도 그는 건축이 주로 사용자에게 '사용과 편안함(use and comfort)'을 제공하는 것에 초점을 맞춰야 한다고 강조했다. 그는 '모든 내부 공간은 인간의 사용과 편안함을 위해 깊이 있게 고려되어야 한다'고 말했다.[9] 이처럼 명확하면서도 상당히 겸손한 이 주장은 자주 간과되었지만, 그 중요성은 여전히 크다. 라이트가 주장한 대로, 내부 공간의 본질과 특성이 그 공간을 사용하는 이들의 '친밀한 소유감(intimate possession)'과 그 방의 거주자의 '사용과 편안함(use and comfort)'에 관한 것이라면, 건축물의 외부 형태에만 초점을 맞출 수는 없다.

여기서 중요한 것은 건물이 우리의 집중적인 주목의 대상이 아니라는 점이다. 라이트가 1896년에 처음 언급했듯이, 건축은 우리를 둘러싸고 내부 공간에 우리를 포함시켜, 우리의 일상적 의식이 일어나는 '배경'이나 '틀'로 작용한다는 것이다.[10] 이러한 관점에서 건축의 내부 공간은 우리의 거주 경험을 형성하고, 그 안에 일어나는 인간의 행동들이 부각되게 하며, 건축 자체는 우리의 경험을 위한 배경으로 물러나게 된다. 이러한 이해는 문화 비평가 발터 벤야민(Walter Benjamin)에 의해서도 공유된 바 있다. 그는 1936년에 건축이 일상 속에서 주로 '산만한 상태(a state of distraction)'에서 경험되고 인식된다고 주장했다. 그는 건축이 우리의 집중된 시각적 주목의 대상이 아니라, 오히려 그 안에서의 사용과 움직임, 촉각적 경험을 통해, 우리가 익숙한 장소에서의 촉각적 거주를 통해 경험된다고 설명했다.

건축물은 주로 사용과 인식을 통해 이해되며, 더 정확히는 촉각적 경험과 시각적 경험이라는 두 가지 방식을 통해 이해됩니다. 이러한 경험 방식은 관광객이 유명한 건물 앞에서 집중해서 감상하는 것과는 다른 차원에서 이해해야 합니다. 촉각적인 측면에서는 시각적인 관조와 같은 반대 개념이 존재하지 않습니다. 촉각적 사용은 주의를 기울이는 방식보다는 습관에 의해 이루어집니다. 건축에 있어서, 이러한 습관이 시각적 인식에도 큰 영향을 미치며, 시각적 인식조차도 촉각적 사용, 즉 습관에서 비롯된다고 할 수 있습니다.[11]

방의 내부 공간을 경험하는 것은 본질적으로 우리의 모든 감각을 동원하며, 특히 촉감을 통해 몸으로 경험하는 거주 행위에서 중요한 역할을 한다. 촉각은 우리에게 친밀함을 형성해 주고, 사물들을 우리와 더 가깝게 느끼도록 만든다. 우리는 이를 '손이 닿는 거리(near at hand), 즉 손쉽게 만질 수 있고 접근할 수 있는 범위 내에 있는 것을 의미한다. 철학자 마르틴 하이데거(Martin Heidegger)는 우리가 세상 속에서 거주하고 안식할 수 있는 능력에 있어 '가까움'의 경험이 얼마나 중요한지 강조했다. 가까움의 감각은 무엇인가가 존재하고, 우리와 공간을 친밀하게 공유하고 있음을 의미하며, 하이데거는 이를 '우리 앞에, 우리와 마주보고, 반대편에 있는' 대상과의 거리감과 대조된다고 했다. 노자와 유사하게, 하이데거는 '빈 공간'이야말로 물건이 우리와 가깝게 느껴지게 하는 핵심이라고 설명하며, 속이 빈 항아리나 그릇을 대표적인 예로 들었다. 그는 '그릇의 본질은 그것을 구성하는 재료에 있는 것이 아니라, 그 속에 담긴 텅 빈 공간에 있습니다'라고 말한다.[12] 하이데거는 그릇 안의 공간이 마치 우리가 서 있는 방처럼, 땅의 단단한 물질과 하늘의 열린 공간을 하나로 모은다고 비유했다. 또한 우리가 우리의 모든 감각을 동원하여 제한되고 둘러싸인 공간에서 모일 때, 가장 강렬하게 '가까움'을 경험한다고 말했다.

핀란드의 건축가이자 교육자이자 작가 유하니 팔라스마(Juhani Pallasmaa)는 다음과 같이 말했다.

시각의 지배와 그로 인한 다른 감각의 억압은 우리를 고립시키고, 분리시키며, 외부 형태에만 집중하게 만듭니다. 근대 건축은 지적이고 시각적인 요소를 충족시키는 공간을 제공했지만, 그 과정에서 우리의 신체와 다른 감각들, 나아가 우리의 기억과 꿈들마저 소외시켰습니다.[13]

팔라스마는 저서 『건축과 감각(The Eyes of the Skin)』에서 건축에서의 감각적 균형에 대해 언급하며, '시각을 포함한 모든 감각은 촉각의 확장으로 간주될 수 있다'고 지적했다. 그러나 각 감

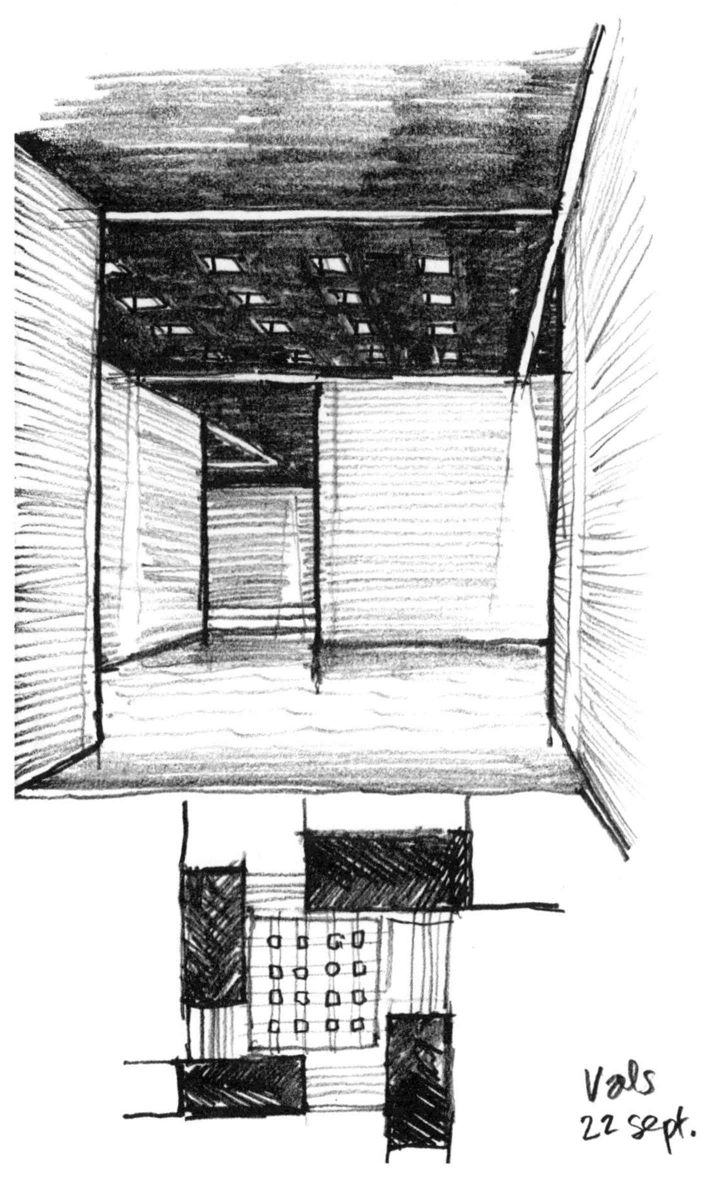

온천의 경험은 땅 속 깊이에서 이루어지며, 대지를 파내고 자연스럽게 잔디로 덮인 공간 속에서 이루어진다. 페터 춤토르, 발스 온천, 스위스, 중앙 테피다리움의 내부 모습과 평면도.
2004년 9월 22일 스케치.

각이 독립적으로 작용할 때, '눈은 분리와 거리를 만드는 기관인 반면에 촉각은 가까움, 친밀함, 애정의 감각'이라고 설명한다.[14] 팔라스마는 우리가 내부 공간을 경험할 때 시각적 인식이 집중된 시선보다는 주변 시각에 더 의존하게 된다고 말한다. 그 결과 우리의 신체는 주변의 벽, 바닥, 천장에 의해 포근하게 둘러싸이는 친밀한 감각을 느끼게 된다.

공간의 성격에 대한 즉각적인 판단은 우리의 전체적이고 신체적이고 존재론적인 감각을 요구하며, 그 성격은 정확하고 의식적인 관찰보다는 흐릿하고 주변적인 방식으로 인식됩니다.[15]

팔라스마는 '주변 시각(peripheral vision)'이 어둠 속에서 가장 자연스럽게 작동하며, 이를 통해 공간과의 친밀감을 더욱 깊이 형성한다고 말한다. 반면, '집중적인 시각(focused vision)'은 밝은 빛 아래에서 선명함을 요구하지만, 이는 물체와 공간 사이의 거리를 강조하는 경향이 있다. 팔라스마는 '주변 시각'은 우리를 공간과 하나로 융합시키지만, '집중적인 시각'은 우리를 공간 밖으로 밀어내서 우리를 단순한 관찰자로 만들고 만다'라고 지적했다.[16]

내부 공간의 중요성과 그 촉각적 연관성은 입체파 화가 조르주 브라크(Georges Braque)의 사상과 작품에 깊이 맞닿아 있다. 브라크는 멀리 있는 것보다는 가까이 있는 것들을 선호하는 경향을 뚜렷하게 인식했다. 이로 인해 그는 풍경화를 떠나 정물화로 전환했다. 특히, 입체파의 전형적인 방식으로 사물을 탐구한 브라크는 '공간의 표현을 더욱 발전시키고자 하는 욕망에 이끌려……나는 촉각을 물질의 한 형태로 만들고 싶었다'고 말했다.[17]

나는 항상 내가 가지고 있던 물건들을 단지 보는 것이 아니라, 만질 수 있기를 바라는 욕망을 품어왔습니다……. 그래서 나는 주로 정물화를 그리기 시작했습니다. 자연 속에는 촉각적으로 느낄 수 있는 공간이 존재하며, 마치 손으로 만질 수 있을 것 같은 공간이 있기 때문입니다……. 만약 정물화가 내 손이 닿을 수 있는 거리에 없다면, 그것은 더 이상 정물화가 아니며, 더 이상 감동을 줄 수 없는 것처럼 느껴집니다.[18]

브라크가 정물화를 선택한 데는 직접적인 이유가 있었다. 그는 '악기는 사물로서, 손길 하나로 생명을 불어넣을 수 있다는 점에서 특별하다'고 말했다.[19] 브라크의 그림은 촉각적 현실을 추구하는 데 있어 놀라울 정도로 일관되었으며, 이러한 이유로 그는 고전적인 원근법을 지속적으로 비판했다.

고전적 원근법은 촉각적 현실을 강조하기보다는 오히려 현실을 더 멀어지게 만들었습니다……. 우리는 세잔(Cézanne)을 따라 손길이 닿을 수 있는 거리 내로 사물을 끌어당기는 원근법을 채택했습니다……. 이는 관람자의 시야에 사물을 더 가깝게 가져오고, 촉각적인 감각과 시각적인 감각의 상호작용을 촉진하기 위함이었습니다.[20]

브라크는 '나는 대상을 도입하기 전에 그것을 위한 공간을 만들어야 했다'라는 암시적인 말로, 그림에서 특정 대상을 강조하는 개념을 일축한 것으로 유명하다.[21] 그는 형상이나 사물보다는 그림의 배경이나 공간을 더 중요하게 여겼으며, 이것 역시 촉각과 깊이 관련되어 있다고 언급했다. '시각적 공간은 사물들을 서로 분리시키지만, 촉각적 공간(tactile space)은 우리를 사물로부터 분리시킨다'는 그의 말은 순수한 시각적 표현만으로는 충분하지 않다는 생각을 반영한다. 브라크는 '그림을 보는 것만으로는 부족하며, 그것을 만질 수 있어야 한다'고 강조했다.[22] 따라서 촉각에 대한 강조는 자연스럽게 공간에 대한 강조로 이어진다. 브라크는 그림에서 이루어지는 공간을 '촉각적 공간'이라고 불렀고, 이 공간은 사물을 우리 가까이로 끌어당기고, '촉각이 물질의 한 형태가 되는 내부 공간'으로 정의된다.

존 듀이는 1934년에 출간된 그의 저서 『경험으로서의 예술(Art as Experience)』에서 청각과 시각의 차이를 강조하며, 청각은 사물을 우리에게 가깝게 가져옴으로써 친밀함을 형성하는 반면, 시각은 사물과 우리 사이에 거리를 만들어낸다고 설명했다. 그는 '눈은 거리의 감각입니다……. 그러나 소리 그 자체로 가깝고, 친밀하며, 귀는 감성적인 감각입니다'라고 설명하며, 그 차이를 명확히 했다.[23] 반면, 건물의 외부 형태는 밝은 빛 속에서 가장 선명하게 드러나며, 이는 거의 전적으로 우리의 집중된 시각에 의해 지배된다. 이러한 시각적 인식은 우리가 보는 사물과의 거리감을 더욱 강조한다. 듀이의 이러한 생각은 그의 동시대 건축가였던 라이트의 생각과 매우 유사하다. 이를 잘 보여주는 예가 라이트의 가장 유명한 주택 중 하나인 1938년 지어진 폴링워터(Fallingwater, 낙수장)의 부지 선정 이야기이다. 클라이언트인 에드가 J. 카우프만(Edgar J. Kaufmann)은 라이트가 그 주택을 계곡 건너편이 아닌 폭포 위에 위치시켰다는 사실에 크게 놀랐다.

라이트가 선택한 위치는 주택이 북쪽 방향이 아닌 남쪽을 향하게 배치하여 산악 지역의 환경에서 거주자의 편안함을 확보하는 매우 중요한 요소가 되었다. 그러나 라이트는 폭포가 단순히 집 내부에서 바라보는 이미지로만 존재하는 것을 원하지 않았다. 그는 클라이언트 카우프만에게 '저는 당신이 폭포를 단지 보는 것에 그치지 않고, 폭포와 함께 살며 그것이 삶의 일부가 되길 원합니다'라고 말했다.[24] 라이트는 카우프만에게 폭포를 듣는 것(가까이 있는 친밀한 경험)과 단순히 폭포를 바라보는 것(형식적이고 먼 경험)의 차이를 강조했다. 그는 '카우프만은 집이 지어진 그 장소를 사랑했고, 폭포 소리를 듣는 것을 좋아했습니다. 그래서 그것이 디자인의 주요 동기였습니다……. 그리고 그는 자신이 사랑하는 것과 친밀하게 살고 있습니다'라고 말했다.[25]

흥미로운 점은 근대 건축이 거의 전적으로 내부 공간에 초점을 맞추며 시작되었다는 사실이다. 이 흐름은 지그프리트 기디온(Sigfried Giedion)의 1941년 저서 『공간, 시간, 건축(Space, Time and Architecture)』과 브루노 제비(Bruno Zevi)의 1948년 저서 『공간으로서의 건축(Architecture as Space)』에 잘 나타난다. 두 저서 모두 건축의 역사를 내부 공간 발전의 역사로 해석하고 있다. 실제로 건축사학자이자 비평가인 케네스 프램튼(Kenneth Frampton) 역시 이를 언급하며 다음과 같이 지적했다.

[1890년대] 이후, 내부 공간은 건축에 대한 우리의 생각에서 매우 중요한 부분이 되었으며, 이제 우리는 시간이 흐르는 동안 주체가 어떻게 공간을 이동하지는에 주목하지 않고는 건축을 논할 수 없게 되었습니다.[26]

건축은 단순히 구조물로서 지어지고 사람들이 거주하는 공간일 뿐만 아니라, 그 안에서 몸으로 느끼고 둘러싸인 경험을 제공하는 환경이다. 그러나 모더니즘의 공간에 대한 집착은 이러한 건축적 경험과 더불어 중요한 요소인 '구축 문화(tectonic culture)'를 간과하는 경향이 있다. 프램튼이 언급한 '구축 문화'는 공간을 둘러싸는 구조물을 만드는 데 필요한 요소로 건축의 물질적 · 구조적 측면을 강조하며, 건축이 단순한 공간적 개념을 넘어 물리적 경험을 통해 이해되어야 한다는 점을 환시기킨다.

1894년, 건축 이론가 아우구스트 슈마르조(August Schmarsow)는 『건축 창조의 본질(The Essence of Architectural Creation)』을 출간하며, 건축의 역사가 인간의 공간 인식 능력의 진화에 의해 전적으로 결정된다는 주장을 펼쳤다. 같은 해, 시인 폴 발레리(Paul Valéry)는 '우리가 공간이라고 부르는 것은 우리가 상상하기로 선택한 어떤 구조물들의 존재와 관련이 있습니다. 건축적 구조는 공간을 해석하고, 공간의 본질에 대한 가설을 이끌어 냅니다'라고 언급했다.[27]

근대 건축의 시작점에서, 우리는 이론가들이 강조하는 객관적이고 거리를 둔 시각과 시인들이 중시하는 친밀하고 깊이 연관된 시각 간의 대립을 발견할 수 있다. 이론가들은 공간의 중요성을 강조하면서도 그것을 거리를 두고 바라보는 경향이 있었다. 반면 시인들은 공간과 건축 구조의 상호 의존성을 중시하며 보다 감각적이고 깊이 연관된 시각을 제시했다. 비록 근대 건축이 공간에 대한 깊은 관심에서 출발했지만, 아이러니하게도 오늘날에는 외부 형태에 대한 집착으로 변질되었다. 이러한 변화로 인해 사람들이 거주 가능한 내부 공간을 정의하던 채움(벽)

과 텅빔(공간)의 조화로운 균형이 사라지고 있다. 현대 건축 디자인과 이론, 비평에서 끊임없이 새로움을 추구하는 태도는 내부 공간과 구조적 요소 사이의 본질적인 대화를 점차 약화시키고 있다. 대신, 오늘날의 건축적 사고는 시각적으로 인지되는 외부 형태를 지나치게 강조하는 경향이 있으며, 이로 인해 내부 공간의 구축과 장소에 대한 맥락적 연결, 그리고 이 두 요소의 경험적 특성이 점점 희미해지고 있다. 건축의 본질적인 대화를 되살리기 위해서는 이러한 관점들 사이의 균형과 조화를 회복하는 것이 무엇보다 중요함을 의미한다.

근현대 사회의 유명 건축가들의 작업을 통해, 우리는 내부 공간에서의 경험과 구조적 요소가 인상적으로 융합된 모습을 발견할 수 있다. 근현대 건축의 역사를 살펴보면, 과거에 분리되고 대립되었던 공간과 구조적 요소들이 오늘날의 작업에서는 근본적인 보완 요소로 다시 결합되는 과정을 목격할 수 있다. 이들의 작업은 건축이 외부 형태와 내부 공간의 경험을 어떻게 다르게 제시하는지, 그리고 그 경험이 거리감이나 친밀감에 따라 우리가 어떻게 인식하는지를 보여준다. 마치 음악이 우리의 감정을 감싸듯이, 방이나 내부 공간도 우리를 둘러싸고 포용한다. 이러한 공간들은 단순히 한눈에 볼 수 있는 대상이 아니라, 우리를 둘러싸고 상호작용하며 우리의 감각을 채우는 환경으로 기능한다. 반 에이크는 건축학과 학생들을 대상으로 한 강의에서 세잔의 자연 표현을 인용하며 건축의 경험에 대해 다음과 같이 말했다. '건축 경험은 내부에 있습니다. 나는 그것을 외부의 표면을 따라 보지 않습니다. 나는 그 안에 살며, 그것에 몰입합니다. 결국, 세상은 내 앞에 있는 것이 아니라 내 주위에 있습니다.'[28]

성소 공간과 그 구조는 자연광을 향해 뻗어 있으며, 바닥은 마치 강변으로 이어지는 지형을 닮은 듯한 형태로 표현되었다.
알바르 알토, 성모 승천 교회 성소 내부, 리올라 디 베르가토, 이탈리아.
1983년 10월 2일 스케치.

셋. 내부 공간에 대한 초기 근대 건축 개념 세 가지

초기 근대 건축의 가장 영향력 있는 세 가지 공간적 '발견'들—우븐 플랜, 라움 플랜, 자유 평면—은 모두 내부 공간 경험에 대한 영감에서 시작되었으며, 오늘날에도 여전히 현대 작품들을 구성하는 중요한 요소로 사용되고 있다. 이 세 가지 초기 디자인 개념은 모두 평면도에 기반을 두고 발전했다. 라이트의 초기 작품은 근대 건축의 주요 발전에 새로운 방향성과 스타일을 제시했으며, 그는 거주자들이 서서 움직이는 지형적 표면으로서의 평면 계획을 가장 중요한 요소로 강조했다. 평면 계획이 우선적으로 나오고, 이를 통해 전체 디자인의 방향을 결정했다. 라이트는 건물이 평면 계획에서 비롯된다고 보았으며, 그 계획이 그 안에서 살아갈 내부 공간의 형태와 질서를 부여한다고 생각했다. 1908년 라이트는 평면 계획이 내부 공간의 '해결책(solution)'이고, 입면은 유기적으로 통합된 전체 외부 형식의 '표현(expression)'이라 언급했다.[1] 라이트는 평면 계획이 건물 속에서 삶이 일어나는 내부 공간의 핵심 개념을 담고 있다고 믿었다. 그는 '세계의 모든 건물들의 입면이 사라지더라도 평면도만 남아 있다면, 각 건물은 다시 재구성할 수 있습니다'라고 말했다.[2] 평면 계획은 내부 공간의 형태를 정의하고 구성했으며, 그 내부 공간을 형성하는 유일한 이유는 거주자의 경험을 위한 것이었다.

라이트가 그의 초기 프레리 시대에 개발한 '우븐 플랜'은 1890년에 시작되어 1959년 생애가 끝날 때까지 지속적으로 발전시켰다. 이 계획은 근대 건축 초기에 내부 공간 경험을 재정의하고 변형시킨 세 가지 주요 평면 유형 중 첫 번째였다.[3] 이러한 혁신적인 평면 계획의 초기 사례들은 외부에서 보면 내부에 존재하는 역동적인 공간 구조가 전혀 드러나지 않는 건축물 안에 구현되었다. 라이트의 프레리 하우스의 '우븐 플랜'은 1900년 히콕스(Hickox)와 브래들리 하우스(Bradley Houses)에서 처음으로 내부와 외부 모두에서 완벽히 실현되었다.

이 평면 계획은 공간의 자유와 형식적 질서를 전례 없는 방식으로 결합시켰으며, 이러한 특징은 오늘날에도 여전히 비교할 수 없는 독특함을 지니고 있다. 그러나 겉보기에 무한해 보이는 다양성에도 불구하고, 라이트가 30년간 설계한 수백 채의 프레리 하우스 계획은 사실은 그가 1889년 오크파크 하우스(Oak Park house)에서 발전시킨 두 가지 십자형 평면 계획(cruciform plan) 유형인 '트라이파티트 플랜'과 '핀휠 플랜(pinwheel plan)'[*]의 변형이

었다.[4] '트라이파티트 플랜'은 두 개의 볼륨이 중첩되어 중앙에 안정적인 정사각형 공간을 형성하는 반면, '핀휠 플랜'은 네 개의 볼륨이 중앙에 고정되어 회전하며 서로 맞물리는 방식으로 구성된다.

라이트는 전통적인 룸(room)을 단순한 '상자'로 정의하고, 이를 해체(destruction of the box)한 것으로 유명하다. 그러나 그의 주택 내부 공간을 실제로 경험해보면, 이러한 단순한 해석은 오해의 소지가 있음을 알 수 있다. 라이트는 내부 공간을 구성하는 사각형 볼륨이 만들어내는 폐쇄성을 단순하게 파괴하는 대신, 내부에서 공간의 명확성과 모호성을 동시에 높이는 방식을 택했다. 그는 내부 공간의 경계를 더욱 정교하게 다루어 공간이 명확하면서도 유동적이고 모호한 경계를 가질 수 있도록 만들었다. 이러한 접근은 각 공간이 단순한 '상자'에서 벗어나 보다 유기적이고, 상호 연결된 다층적인 경험을 제공하도록 했다.

라이트의 방식은 기존의 내부 공간 개념을 단순히 비판하기보다는 그 안에서의 경험을 풍부하게 만드는 데 초점을 맞추었다. 그는 내부 공간의 일반적인 해석을 넘어, 공간을 만들고 거주하는 방식을 새롭게 해석했다. 한 가지 예로, 그의 '십자형 평면 계획'에서 1층 주요 방들은 세 면으로부터 빛이 들어오고 외부 전망을 볼 수 있도록 설계되었다. 이는 오늘날까지도 드물고 예외적인 설계 방식이지만, 라이트의 주택에서는 그의 72년 경력 동안 일관된 설계 기준이었다. 라이트는 공간의 정의를 단

에서 통합되는 구조를 만든다. 이러한 구성은 내부 공간에 대한 다양한 접근과 시각적, 물리적 연결성을 강화하며, 거주자에게 다양한 경험을 제공한다.

순히 벽으로 구분된 전통적인 '방'의 개념에서 벗어나, 공간을 더 역동적이고 상호 연결된 경험으로 전환시켜, 거주자가 건물과 더 깊이 상호작용하도록 만들었다.

라이트는 프레리 하우스의 내부 공간을 디자인할 때, 거주자의 경험을 구성하고 형성하기 위해 비율, 기하학, 그리고 모듈식 그리드를 적극적으로 활용했다. 존 듀이는 건축에 대해 '건축은 질적으로 느껴지는 비율의 문제입니다'라고 말했는데,[5] 여기서 '질적으로 느껴지는 비율'이란 단순히 수치적이거나 시각적인 조화만을 의미하는 것이 아니라 공간이 거주자에게 전달하는 감각적이고 경험적인 질감, 분위기, 감정을 포함하는 개념이다. 라이트는 자신이 설계한 건물 내부 공간의 복잡성, 모호성, 풍부한 경험을 극적으로 향상시켰다.

그럼에도 불구하고, 그는 기하학적 구조를 통해 공간들 사이의 관계를 명확하게 드러내어, 거주자들은 공간들이 어떻게 서로 연결되고 서로 상호작용하는지 분명하게 이해할 수 있도록 했다. 이러한 특성은 출판을 위해 촬영한 라이트의 건축 사진에서도 나타나는데, 라이트는 공간의 역동적인 특성을 표현하기 위해 가구 배치를 활용했다. 또한, 러그를 방의 경계를 넘어 문턱을 지나도록 배치했는데, 이는 거주자의 움직임에 따라 생기는 공간들 사이의 상호작용을 시각적으로 표현하고, 전통적으로 분리되었던 내부 공간들이 어떻게 자연스럽게 얽히고 연결되는지를 보여준다. 이러한 배치는 라이트가 디자인한 공간에서 내부 공간들이 단순히 독립적으로 존재하는 것이 아니라, 거주자의 움직임과 상호작용을 통해 하나의 연결되고 통합되는 경험으로 이어지도록 설계했음을 시각적으로 전달한다.

　　라이트의 디자인 시스템은 종종 추상적이라고 평가받지만, 사실 그의 설계는 철저히 인간의 몸과 거주 경험에 의해 측정되고, 그 비율에 맞춰 정확하게 조정되었다. 라이트는 '형태는 감정이 되었다'고 말하며[6] 건축물의 물리적 형태와 구조가 단순히 기능적 역할을 넘어 거주자와 방문자의 감정과 경험에 깊이 영향을 미칠 수 있다고 보았다. 그는 건축을 사람들의 삶에 긍정적인 영향을 미칠 수 있는 강력한 수단으로 보았으며, 이러한 접근 방식은 그의 작업 전반에 걸쳐 일관되게 드러났다. 라이트의 내부 공간은 거주자의 신체적 존재감과 움직임을 세심하게 고려한 결과물로, 그의 공간들은 경험을 통해 해석될 수 있도록 정교하게 구상되었다.

　　라이트는 내부 공간을 바닥에서부터 천장까지 이어지는 다양한 높이의 벽과 보가 결합된 일련의 수평적 공간 레이어로 만들었다. 이러한 공간들은 거주자의 신체 비율과 움직임에 따른 시선의 위치를 고려하여 인체 사이즈에 맞게 세심하게 조정되었다. 라이트 하우스의 내부에 서 있을 때, 거주자는 모든 방향을 자유롭게 바라볼 수 있으며, 전통적으로 이해되는 벽보다는 주변에 기둥만 있는 것처럼 개방감을 느낀다. 그러나 자리에 앉으면, 낮은 벽과 붙박이 캐비닛이 제공하는 아늑하고 보호적인 공간 속에 앉아 있는 자신을 발견하게 되며, 이로 인해 시선은 자연스럽게 내부 공간에 머물게 된다. 공간의 경계는 명확하면서도 유동적으로 느껴진다. 이러한 구성은 거주자가 공간 내에서 어떻게 움직이고 상호작용하는지에 따라, 공간들이 어떻게 연결되고 침투하는지를 분명히 인식할 수 있도록 해준다. 라이트의 이러한 접근은 그가 단순히 건축을 통해 내부 공간을 일반적으로 해석하는 데 그치지 않고, 이를 넘어서 공간을 더욱 역동적이고 상호 연결된 경험으로 전환시키려 노력했음을 잘 보여준다.

라이트의 내부 공간 디자인은, 설계의 '지적이고 형식적인 구조'*와 거주자의 신체적이고 정신적인 참여가 조화를 이룬다. 즉, 라이트에게 디자인의 개념과 그 공간에서의 실제 경험은 결코 분리된 것이 아니라 하나로 융합된 동일한 것이었다.

라이트가 자신의 디자인에서 가장 중요하게 여긴 원칙은 '진실성'이다. 여기서 말하는 '진실성'이란 건축물이 자연과의 관계, 재료 본연의 특성, 사용자의 필요와 경험을 기반으로 설계되어야 한다는 것을 의미한다. 이 원칙은 독립적인 건축 요소들이 서로를 상호 보완적인 질서 개념을 이루고 공간의 융합을 통해 정의되는 라이트의 내부 공간 디자인에서 가장 뚜렷하게 나타난다. 라이트는 건축을 '둘러싸인 공간(space enclosed)'으로 정의하면서, 내부 공간의 구성 요소—바닥, 벽, 천장, 구조물, 창문, 문, 계단 및 가구—를 개별적으로 분리하고 명확히 구분하여, 각 요소들이 독립적인 구성 요소로 활용될 수 있도록 했다. 그는 '벽을 마치 인간적인 특성을 지닌 스크린으로 인식하고, 벽이 공간을 정의하고 구분하는 역할을 하면서도, 결코 공간을 제한하거나 사라지게 하지 않도록' 설계했다.[7] 라이트는 벽, 바닥, 천장을 각각 독립적인 요소로 사용함으로써 공간을 보다 더 명확하

---

*   '지적이고 형식적인 구조'란 라이트가 건축물을 설계할 때 적용한 체계적이고 논리적인 접근 방식을 의미하며, 공간의 기하학적 구성, 비율 및 배치와 같은 요소를 포함한다.

게 정의하는 동시에 그것들이 서로 모호하게 결합하는 방법을 찾아냈다. 이러한 방식으로 탄생한, 복잡하게 중첩된 공간은 당시의 다른 주택과 비교할 때 거주자들에게 더 풍부하고 다채로운 경험을 제공했다.

라이트가 독립성과 공간 융합을 결합[**]하여 만든 통합적 질서는 그의 평면 계획을 통해 근본적으로 실현되었다. 라이트의 '우븐 플랜'을 구조화하는 핵심 개념은 그가 '유닛 시스템(Unit system)'이라고 부른 정사각형 그리드이다. 이 정사각형 그리드는 계획 단계에서 내부 공간을 다양한 크기로 분할하고, 각 공간의 비율과 구성을 명확히 정의하는 데 중요한 역할을 했다. 또한 이 그리드는 건축물의 구조적 요소와 외부 요소를 바닥에 정확히 위치시키고 고정시키는 중요한 수단으로 사용되었다. 라이트는 이를 통해 공간을 마치 직물의 날실과 씨실처럼 정교하게 엮어내었다. 라이트는 정사각형 그리드를 사용하여 '모든 것을 규모에 맞추고, 건물 전체에 일관된 비율을 보장하며, 건축물이 마치 태피스트리(tapestry)처럼 독립적이면서도 유기적으로 연결된 직물이 되도록' 설계했다.[8] 그는 건축을 직조의 과정으로 생각했으며, '내가 지어온 모든 건물들은 양탄자의 털뭉치가 날실에 꿰매어지듯 유닛 시스템 위에 구축되어 있다'고 말했다.[9] 그리고 그

[**]　건축 요소의 독립성은 건축의 각 구성요소 ─ 예를 들어, 벽, 천장, 바닥, 창문 등 ─ 가 자체적인 미학적, 기능적 가치를 가지고 공간 내에서 독특한 역할을 수행함을 의미한다. 또한, 공간 융합은 이러한 독립적인 요소들이 서로 상호작용하며, 전체적으로 통합된 경험을 제공하는 방식을 말한다. 라이트는 이 두 개념을 결합하여, 사용자가 각 건축 요소의 독립적인 아름다움과 기능을 인식할 수 있으면서도, 동시에 그 요소들이 만들어내는 통합된 공간의 경험을 즐길 수 있는 건축물로 설계하고자 했다.

는 자신을 조각가가 아닌 '직조공'으로 생각했으며, 자신의 건축물을 설명할 때 '직물', '질감이 있는', '원단'과 같은 용어를 즐겨 사용했다.[10] 이러한 표현은 라이트의 건축 철학과 디자인 접근 방식이 얼마나 섬세하고 정교한 원리에 기반하고 있는지 잘 보여준다.

라이트의 주택에서는 바닥과 천장이 서로 대조적인 역할을 수행한다. 바닥은 안정적이고 연속적인 면을 제공하여 거주자가 서거나 걷는 데 있어 일관성을 유지하는 반면, 천장은 각 공간에서 일어나는 활동에 반응하여 세심하게 조정된다. 예를 들어 사람들이 앉아서 머무는 벽난로와 식사 공간의 천장은 낮게 설계되었지만, 서서 걷거나 활동이 많은 거실이나 계단 공간의 천장은 높아진다. 이러한 방식으로 천장의 높이는 공간별로 다양하게 변화하며, 각 공간을 독특하게 정의하면서도 모든 공간들이 하나의 연속된 경험으로 연결되도록 한다. 라이트는 바닥이 상대적으로 덜 동적임에도 불구하고, 거주자가 내부를 이동할 때 바닥의 안정성이 중요하다는 점을 인식하고 있었다. 특히, 계단을 오르내릴 때 사람들은 발을 헛디딜 위험 때문에, 바닥에 더 많은 주의를 기울인다는 점을 인식했다. 그에 비해, 천장은 공간의 성격과 경험을 형성하는 데 더 강력한 역할을 담당했다. 라이트의 주택 내부에서는 바닥과 천장이 만들어내는 서로 다른 축들이 복잡하게 얽혀 다양한 공간을 형성한다. 이 공간들은 마치 직물을 짜듯이 긴장감을 유지하며 서로 유기적으로 연결된다. 이러한 구조는 공간 내에서의 움직임이 벽에 의해 분리되는 것이 아니라, 위쪽의 더 역동적인 천장과 아래쪽의 더 안정적인 바닥 사이에서 서로 겹치고 교차되며, 압축과 확장의 조화로운 리듬 속에서 정의된다. 라이트는 이를 통해 공간이 거주자의 움직임에 반응하고, 그 움직임에 따라 끊임없이 변화하는 경험을 제공하도록 설계했다.

'우븐 플랜'은 내부 공간이 스크린 벽 대신 바닥과 천장의 여러 층이 서로 얽히고 중첩되는 방식으로 구성된 설계 개념으로, 이는 동아시아의 전통 건축에서 볼 수 있는 기단과 지붕 캐노피의 개념과도 연결될 수 있다.[11] 라이트는 내부 공간을 동굴(cave)과 천막(tent), 두 가지 다른 개념을 결합한 것으로 묘사했다. 그는 내부 공간을 어둡고, 땅에 고정되며, 벽난로(hearth) 중심으로 형성된 집단적 의식을 위한 보호된 장소로 정의하는 동시에 모든 방향으로 펼쳐지는 시야와 더불어 먼 지평선까지 이어지는 자유롭고 원심적 확장의 장소로 묘사했다. 라이트의 디자인에서 바닥과 이를 둘러싼 벽은 땅에 속하며, 지붕은 하늘과 연결된다. 이처럼, 땅과 하늘을 잇는 두 축이 결합하여 중심적인 내부 공간을 형성한다. 라이트는 건축에서 '벽이 평면으로부터 솟아오르고 공간이 지붕으로 덮이는 방식이 집의 주요한 매력'이라고 말하며,[12] 내부 공간이 단순히 바닥과 천장의 결합을 넘어 전체적인 공간 경험의 핵심이 된다고 강조했다. 그에게 있어 '내부 공간'을 구성하는 모든 요소의 시작점은 평면 계획에 있었다. 그는 '좋은 평면 계획이 모든 것의 시작이자 끝이며…… 모든 방향으로의 발전은 본질적이며 필연적'이라고 말했다.[13]

오스트리아 빈 출신 건축가 로스가 제안한 '라움 플랜'*이라

---

*   '라움 플랜'은 각 공간의 기능, 비율, 조명, 재료의 특성을 고려하여 공간을 3차원적으로 구성하는 방식을 말하며, 이를 통해 건축물 내의 다양한 공간

는 개념은 근대 건축에서 내부 공간을 디자인하고 이해하는 방식을 창의적으로 발전시킨 중요한 건축적 혁신이었다. 이 개념은 1918년부터 그가 사망한 1932년까지 그의 작품에서 점진적으로 발전하며 구체화되었다. 로스의 '라움 플랜'에서는, 집의 주요 공용 공간들(개인 침실은 제외)이 각각 고유하고 적절한 비율, 빛의 질감, 재료의 질감을 지니며, 평면과 단면에서 명확한 위치를 차지하도록 배치된다. 이러한 공간들은 다양한 높이와 단계로 분할된 평면을 통해 주택 내부의 복합적이고 다층적인 공간 지형을 형성했다. 비록 로스가 스스로 '라움 플랜'이라는 용어를 사용하지 않았지만, 이를 '거실을 평면이 아닌 3차원으로 배열하는 방법의 해결책'으로 묘사했다. 로스는 '건축에서의 위대한 혁명은 바로 평면도를 3차원으로 구현하는 것'이라고 말하며,[14] 그의 라움 플랜 개념이 단순한 평면 구성의 발전을 넘어, 건축적 공간을 입체적으로 경험하고 해석하는 방식에 중대한 변화를 가져왔음을 강조했다.

로스가 설명한 '공간 계획(room plan)'은 특정 용도에 맞게 설계된 내부 영역들이 조화롭게 모인 집합체로 구성된다. 그는 이 내부 영역들이 공간 속에서 신중하게 배치되어 서로 밀접하게 관련되어 있음을 특징으로 설명했다. 이러한 접근 방식을 통해 로스는 단순히 평면 계획을 형식적으로 구성하는 것에서 벗어나, 내부 영역들 간의 기능적 연결성과 공간적 통합을 더욱 중요

이 서로 다른 레벨로 나누어지고 연결되는 복잡하고 독특한 내부 구조를 만든다. 이 개념은 현대 건축에서 공간을 단순히 평면적으로 바라보는 것을 넘어서, 보다 입체적이고 동적인 관점에서 공간을 조직하고 이해하려는 시도의 일환으로 볼 수 있다.

하게 다루었다.

실제로, 나의 작품에는 전통적인 의미의 1층, 2층, 지하층이 존재하지 않습니다. 존재하는 것은 오직 서로 연결된 내부 공간들, 부속 공간들, 테라스뿐입니다. 각 내부 공간은 그들 만의 고유한 높이를 필요로 합니다. ……이것이 바로 다양한 바닥의 높이가 필요한 이유입니다. 그러므로 내부 공간들은 전환(한 공간에서 다른 공간으로 넘어가는 과정 또는 방식)을 눈에 띄지 않게 하면서도 자연스럽고 효율적인 방식으로 이루어질 수 있도록 설계되어야 합니다.[15]

라이트와 마찬가지로, 로스 역시 외부 형태보다 내부 공간의 중요성을 강조했다. 로스는 '집은 외부에서는 소박하고 내부에서는 풍요로움이 드러나야 한다'고 주장했다.[16] 그러나 라이트의 프레리 하우스가 확장된 부분과 돌출된 볼륨으로 특징 지어진 것과 달리, 로스의 주택 외관은 일관되게 단단한 입방체 형태를 띠고 콤팩트하게 설계되었다. 이와 대조적으로 그 내부 공간은 3차원적으로 명확하게 구분되었다. 로스의 주택 외관은 표현을 절제하고 익명성을 유지하여 거주자의 사생활을 보호하는 동시에, 내부에서는 각 주요 생활 공간이 고유한 성격을 가지면서도 거주자의 움직임과 시선을 통해 서로 연결되고 맞물리게 설계되었다. 그는 주택 단면 설계에서 거주자의 신체 위치와 그에 따른 눈높이에 매우 민감하게 반응했다. 로스는 '단면에서 1밀리미터의 차이조차 나에게는 고통입니다'라고 언급할 정도로 세심한 디테일에 집착했다.[17] 이러한 세심한 배려는 내부 공간을

기존 건물의 대칭적인 구조 안에서 새로운 전시 요소들이 추가되면서, 공간은 일련의 지역적이고 친밀한 경험으로 재구성한다.
카를로 스카르파, 코레르 박물관, 베네치아, 이탈리아: 이젤에 무테로 전시된 그림의 상세도(상단), 카를로 스카르파, 카스텔베키오 박물관, 베로나, 이탈리아: 세 개의 폴리시드 플라스터로 마감된 조각 받침대를 포함한 두 번째 조각 갤러리의 평면도(하단). 2013년 11월 12일과 13일 스케치.

복잡하게 연결하여 거주자들이 서로 상호작용할 수 있는 기회를 늘리는 동시에, 외부와의 연결을 최소화하는 효과를 가져왔다. 그 결과 로스 주택의 내부 공간은 거의 전적으로 거주자의 신체의 위치, 복잡하게 얽힌 공간을 통한 시선의 흐름, 그들이 볼 수 있고 들을 수 있는 사람들에 의해 정의되었다.

'로스 하우스(Loos house)'에서 중심을 이루는 각 방은 항상 대칭적인 직사각형 형태로 구성되었으며, 각 방은 저마다 고유한 개구부와 벽난로와 같은 설비를 중심으로 배치되었다. 이들 방은 벽과 스크린을 이용해 서로 연결되며, 겹쳐진 공간들과 공유된 계단을 통해 인접한 방들과 열려 있는 방식으로 소통한다. 주택의 입구는 외부로부터 닫힌 거리 쪽에 위치해 있으며, 주요 거실은 집의 후면부에 자리잡아 사적인 정원을 향해 넓게 열려 있다. 따라서, 입구에서 거실로 이동하는 과정은 마치 건물의 단면을 따라 대각선으로, 위로, 그리고 앞에서 뒤로 이동하듯 진행된다. 내부의 방들은 직사각형 형태와 대칭적인 구성을 유지하면서도, 계단과 층 간의 이동은 건물의 중심 축을 벗어나 회전하며 나선을 그리는 동선으로 이루어진다. 이로 인해 계단을 통한 움직임은 순환적이고 회전적인 특성을 지니며, 주요 통행로는 방의 중앙을 가로지르기보다는 가장자리를 따라 배치된다. 이러한 동선 배치는 각 방의 중심이 안정적인 가구 배치로 공간을 충실히 채울 수 있도록 해주며, 거주자가 방의 중심에서 안정감을 느끼게 한다.

'공간 계획'에서 로스는 복잡하고 미로 같은 이동 동선을 통해 주택 내부의 다양한 공용 공간들을 나선형으로 돌면서 서로 얽히고 맞물리게 설계했다. 이러한 공간 구성을 통해 거주자들은 주택의 여러 위치에서 다양한 방들을 들여다보며 관통하는 다층적인 시각적 경험을 할 수 있게 된다. 내부 공간은 서로 겹치고 중첩되는 주요 방들로 구성되었으며, 로스는 특히 거실과 식당의 관계에 주목하여 이 두 공간에 서로 대조적인 경험을 제공하도록 디자인했다. 로스는 식당을 보다 아늑한 공간으로 만들기 위해 거실보다 정확히 일 미터 높은 위치에 배치하여, 식탁에 앉은 가족들이 아래쪽의 넓은 거실을 내려다볼 수 있도록 했다. 그는 또한 각 주택에서 두 주요 공간, 즉 식당과 거실이 서로 다른 경험을 선사하도록 세심하게 조정했다. 예를 들어, 작은 식당에는 큰 창을 설치하여 더 많은 빛을 들게 하고, 식당에서 통하는 넓은 거실은 그늘져 어둡고 은둔적인 분위기를 가지도록 설계하거나, 반대로 어두운 식당에서 더 밝고 환하게 빛나는 거실을 내려다보도록 디자인했다. 모든 '공간 계획'에서, 로스는 거실 내부나 거실과 식당 사이에 계단을 배치하여 공간들이 단순히 구분된 것이 아니라, 서로 층을 이루며 복잡하게 연결되도록 설계했다. 이로 인해, 공간의 경계는 명확하지 않으면서도 서로 중첩되고 확장되는 모호한 경계를 띠게 되어, 공간이 더 넓고 다층적으로 느껴지도록 했다.

로스는 일부 건축가들이 '공간을 만드는 대신 벽을 세우고, 그 벽들 사이에 남은 공간을 방으로 여긴다'는 방식의 접근을 강하게 비판했다. 그는 '건축가는 무엇보다도 자신이 실현하고자 하는 공간의 효과를 먼저 느끼고, 마음의 눈으로 그 공간을 상상해야 한다'고 주장했다.[18] 로스에 따르면, 방이 거주자에게 주는 감각적인 효과는 재료의 특성과 내부 공간의 정확한 형태가 결합될 때 비로소 생성된다. 로스는 각 활동이 일어나는 공간마다 적합한 분위기를 조성하기 위해 다양한 재료를 사용했다. 예를 들어, 컬러 대리석에서부터 어두운 목재, 직물에 이르기까지 다양한 벽 마감재들을 사용하여 주택 내부에 밀도 있고 친밀한 분위기를 만들어냈다. 로스는 자신의 초기 디자인 아이디어를 바탕으로 집을 구상하는 것이 아니라, 클라이언트가 좋아하는 암체어와 같은 특정한 요소를 관찰하고, 그 암체어가 놓일 방의 분위기와 디자인을 결정해야 한다고 주장했다. 로스는 이렇게 클라이언트의 개인적인 취향을 반영하여 공간을 장식하게 함으로써, 내부 공간이 더 친밀하고 사적인 분위기를 형성하도록 의도했다. 로스가 디자인한 내부 공간들은 거주자가 직접 경험하는 체험을 중시했기에, 그는 자신의 공간 디자인이 단순히 사진으로 기록되는 것에 반대했다.

사진은 실제의 본질을 희미하게 만듭니다. 나는 사람들이 방 안에서 주변 환경의 실체를 온전히 느끼고, 그 환경이 그들에게 직접적인 영향을 주길 바랍니다. 그들이 둘러싸인 공간을 깊이 인식하고, 패브릭과 목재와 같은 재료의 질감을 직접 느끼며, 무엇보다도 시각과 촉각을 통해 그 공간을 감각적으로 느끼는 경험을 하길 원합니다. 그리고 그들이 그 공간에서 진정으로 편안하게 앉아 쉴 수 있는 용기를 주고 싶습니다……[19]

스위스–프랑스 출신의 건축가이자 화가인 르코르뷔지에가 제안한 '자유로운 평면(plan libre)'은 근대 건축 초기에 등장한 세 가지 주요 내부 공간 디자인 개념 중 하나로, 그의 건축 철학에 큰 영향을 미친 개념으로 평가된다. '자유로운 평면'은 르코르뷔지에가 1922년부터 사망한 1965년까지 그의 작업을 통해 지속적으로 발전시킨 개념으로, 전통 건축에 대한 그의 비판을 바탕으로 근대 건축의 새로운 방법론을 제시하기 위해 개발된 것이다. 이는 그의 '다섯 가지 원칙' 중 가장 핵심적인 원칙으로 여겨졌다. 1927년에 르코르뷔지에가 소개한 '다섯 가지 원칙(five points)'은 다음과 같다. 1) 건물을 지면에서 띄우는 필로티(Pilotis, 기둥), 2) 건물 상하부에서 사람들이 자연과 햇빛을 즐길 수 있게 하는 옥상 정원(roof garden), 3) 구조적 기둥과 비내력 벽을 분리함으로써 가능해진 자유로운 평면, 4) 연속적인 수평 창(horizontal window), 5) 외벽에서 내부 구조를 독립시킴으로써 가능해진 자유로운 입면(Façade libre)이다. '자유로운 평면'은 이 '다섯 가지 원칙' 중에서도 다른 모든 원칙들을 가능하게 하는 기반이 되는 핵심적인 역할을 한다. 르코르뷔지에는 이 원칙을 '다섯 가지 원칙'의 중심에 두고, 건물의 상부(옥상 정원)와 하부(필로티로 인해 형성된 공간)를 먼저 언급한 뒤, 파사드를 마지막에 다루면서 세 번째 요소로 소개했다.

'자유로운 평면'의 개념은 르코르뷔지에가 1915년부터 1919년 사이에 개발한 건축 프로토타입인 '도미노 하우스(Maison Domino)'에서 그 뿌리를 찾을 수 있다. 이 디자인은 여러 층의 직사각형 바닥 슬래브가 쌓여 있는 형태로, 모든 지지 구조가 슬래브의 두께 내에 숨겨져 있다. 구조적 기둥들은 슬래브의 긴 직사각형 형태의 측면에서 내부로 물러나 위치하여 전체 구조를 안정적으로 지탱한다. 이러한 설계 방식 덕분에 내부 공간에는 하중을 지탱해야 하는 내력 벽이 필요하지 않으며, 보와 같은 수평 천정 구조도 노출되지 않는다. 이로 인해 내부 벽과 연속적인 수평 창, 또는 다양한 개구부의 배치가 기존의 수직적 또는 수평적 구조의 제약을 받지 않게 되었다. 이러한 구조적 유연성은 르코르뷔지에가 추구한 '자유로운 평면'을 실현하는 데 중요한 토대가 되었으며, 내부 공간의 구성을 훨씬 자유롭게 만들어 주었다. 이로 인해 공간의 구성과 창문의 배치는 건물의 전체적인 구조나 형태에 구속되지 않고, 건축가의 창의적인 의도와 디자인에 따라 유연하게 구성될 수 있었다. 르코르뷔지에가 '다섯 가지 원칙'과 '자유로운 평면'을 사용하여 설계한 주택들의 직사각형 형태는 그의 예술적 선택에 의해 신중하게 결정되었다. 그의 초기 주택들의 평면과 입면이 정사각형과 황금비율(1:1.618)을 기반으로 한 직사각형으로 구성된 것은 결코 우연이 아니다. 이는 그의 순수주의 회화에서 사용된 두 가지의 가장 전형적인 캔버스 형태에서 비롯된 '표면의 비례적 규제(proportional regulation of surfaces)'의 실현으로 르코르뷔지에의 건축에서 공간과 형태의 조화로운 구성을 통해, 건축물이 시각적으로 안정감을 제공하고, 인간의 감성에 호소하는 데 중요한 역할을 했다.

　　르코르뷔지에의 순수주의 회화는 주로 정물화에 집중되었으며, 그가 묘사한 대상들은 대부분 비어있는 볼륨, 용기, 병, 꽃병, 유리잔, 기타와 같은 것들이었다. 이러한 물체들은 그의 작품에서 수직 축척 도표(액소노매트릭, vertical axonometric projection)로 표현되었으며, 평면도(plan)와 입면도(elevation) 모두에서 관찰될 수 있도록 배치되었다. 그의 작품 속에서 이들 개체의 직선적이고 곡선적인 형태의 윤곽선들은 인접한 다른 볼륨들과 조화를 이루었다. 르코르뷔지에는 이를 '윤곽의 결합(marriage of contours)'

이라고 불렀다. '윤곽의 결합'이란 객체나 공간의 윤곽선이 서로 잘 어울리도록 공유되거나 서로 반응하여 마치 기계의 톱니바퀴처럼 맞물리는 것을 의미한다. 하나의 선이나 벽이 여러 객체나 공간의 경계 역할을 수행함으로써, 각 요소들이 유기적으로 통합되고 긴밀한 조화를 이루도록 하는 것이다. 르코르뷔지에는 이 개념을 단순히 회화뿐 아니라 건축의 내부 공간 디자인에도 적용하였다. 이러한 접근 방식은 르코르뷔지에의 '자유로운 평면'에서 공간들이 서로 중첩되고 교차하며 통합되고 층을 이루는 것을 가능하게 만들었다. 벽은 단순히 공간을 구분하는 경계가 아니라, 두 개 이상의 공간을 연결하고 흐름을 유도하는 공통된 윤곽선이나 형태로 작용하여 공간의 경계가 유연하게 확장되고 축소될 수 있는 중층적 구조를 형성했다.

르코르뷔지에의 '자유로운 평면'은 벽을 직선, 각진 형태, 곡선으로 구성하여 건물 내부의 생활 공간과 그 안을 통과하는 이동 경로를 자유롭게 형성할 목적으로 디자인되었다. 이 벽들은 건물의 직사각형 평면과 볼륨의 외곽선에 의해서만 제한받으며, 내부 공간의 구성과 흐름은 매우 자유롭고 유연하게 이루어진다. 르코르뷔지에는 이러한 방식으로 형성된 내부 공간을 거니는 경험을 '건축적 산책(promenade architecturale)'*이라고 표현

---

*　　'건축적 산책'은 건축에서 경험하는 공간의 연속적인 순서를 디자인하는 개념이다. 이 용어는 르코르뷔지에에 의해 널리 사용되었으며, 건축적 경험을 통해 방문자를 인도하는 계획된 동선을 의미한다. 이 동선은 다양한 시각적, 공간적, 감각적 경험을 제공하도록 설계되어, 건물이나 구조물을 통해 이동하면서 방문자에게 연속적이고 다이내믹한 인상을 남긴다. 건축적 산책은 단순히 물리적인 이동 경로를 넘어, 건축을 통한 스토리텔링과 감정적인 반응을 유도하는 디자인 전략으로 볼 수 있다.

했다. 이 건축적 산책을 하는 동안, 오목한 곡선은 볼록한 곡선의 '외부'에 둘러싸인 '내부' 공간을 만들어내며, 몇 걸음 후에는 이 구조가 반전되어, 볼록한 곡선이 다시 오목한 곡선으로 전환된다. 이러한 윤곽선과 형태의 공유는 공간을 해석할 때 주체와 배경 간의 관계를 유연하게 만든다. '자유로운 평면'에서, '내부적 오목함'과 '외부적 볼록함'은 더 이상 고정된 개념이 아니며, 우리가 건축적 산책을 하는 동안 한 '내부' 공간에서 다른 '내부' 공간으로 넘어갈 때 이러한 개념들이 끊임없이 전환되는 경험을 제공한다. 이 과정은 르코르뷔지에가 공간적 모호성을 특징으로 하는 내부를 구축할 수 있도록 하며, 건물의 내부 공간을 걸으며 만나는 다양한 공간들에 대한 새로운 해석과 반전된 의미를 통해 다층적인 공간 인식을 가능하게 한다. 이는 라이트의 '우븐 플랜'과 유사한 방식으로, 르코르뷔지에의 '자유로운 평면'과 '윤곽의 결합'이 순수 기하학적 형태를 사용하면서 공간의 정밀도를 높이고, 그 안에 거주하는 사람들이 영감을 받아 공간을 다채롭게 해석할 수 있게 만드는 방식을 반영한다.

르코르뷔지에의 '자유로운 평면'은 본질적으로 내부 공간에 초점을 맞춘 개념으로, 거주자가 세심하게 구성된 내부 볼륨을 거닐며 그 내부가 펼쳐지는 순서를 경험하게 한다. 르코르뷔지에는 이를 순수주의 캔버스의 표면에 비유하며, 내부 공간에서 윤곽선과 벽의 배치가 핵심적인 요소라고 가정했다. 그러나 그의 초기 작품에서는 단면의 활용이 내부 공간의 경험을 형성하는 데 있어서 상대적으로 발전하지 못했으며, 공간의 연결성과 역동성이 결여되어 있었다. '자유로운 평면'에서 바닥 평면의 지형적 특성은 무대 미술가 아돌프 아피아(Adolphe Appia)의 작업과도 연결될 수 있다. 아피아는 건축을 '리듬 공간(rhythmic spaces)'으로 정의하고, 빛과 그림자가 드러나는 직사각형 '지형(terrains)'으로 구성된 고정된 덩어리의 집단으로 묘사하였으며, 이러한 공간은 '인간 몸의 규모에 따라 측정되고 그 몸의 움직임을 위해 의도적으로 배열된' 공간이어야 한다고 주장했다.[20] 아피아의 이러한 개념은 르코르뷔지에의 바닥에 대한 생각과 일맥상통한다. 그는 '내 건축은 빛이 드는 바닥'이라고 표현하며, 창문이나 벽면보다 바닥면을 더 중요하게 여겼다.[21] '자유로운 평면'의 (수평적인) 바닥은 (수직적인) 내부 벽을 지배하는 역할을 하며, 이러한 공간 구성을 통해 르코르뷔지에는 건물 내부에서 공간을 경험하는 방식을 변화시켰다. 케네스 프램튼은 르코르뷔지에의 1929년 프랑스의 빌라 사보아(Villa Savoye)를 통해 '건축적 산책'이라는 개념을 설명하며, '바닥면이 경사로와 계단을 따라 위쪽으로 구부러져 벽과 융합되어 있어, 마치 사람이 "벽을 걷고 있는" 듯한 착각을 불러일으키는 지형적 여정'이라고 표현했다.[22] 이러한 설명은 르코르뷔지에의 '자유로운 평면'이 단순히 수직적, 수평적 구획에 그치지 않고, 어떻게 내부 공간이 역동적이고 입체적인 공간을 경험하도록 구성되었는지를 보여준다.

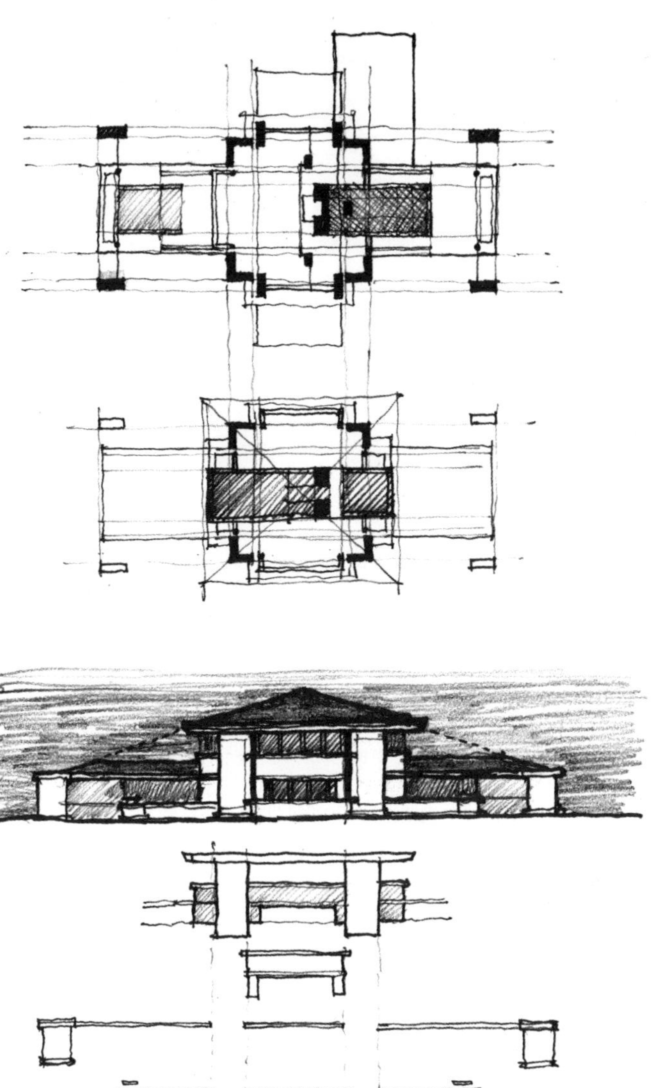

외부에서 접근할 때, 대칭적으로 설계된 집은 중앙이 닫혀 있어 직접적인 접근이 차단된다. 입구는 벽으로 둘러싸인 외곽을 따라 이동하고, 지붕 돌출부로 형성된 문턱을 통과해야 하며, 내부 가장자리를 지나 중앙 거실에 도달하게 된다.
프랭크 로이드 라이트, 에반스 하우스, 시카고, 일리노이, 평면도와 입면도 분석.
1986년 3월 18일 스케치.

넷. 공간 경험에서 시선과 움직임의 동선

근대 건축에서 발전된 대부분의 공간적 개념들은 네덜란드의 가구 디자이너 헤리트 리트벨트(Gerrit Rietveld)의 데 스테일(De Stijl, 신조형주의) 디자인, 건축가 루트비히 미스 반데어로에(Ludwig Mies van der Rohe)의 초기 핀휠 플랜, 그리고 이전 장에서 살펴본 라이트, 로스, 르코르뷔지에의 내부 공간 구성 방식에서 찾아볼 수 있다. 이러한 개념들은 모두 19세기와 20세기 초 유럽과 미국에서 유행했던 파리의 에콜 데 보자르의 건축 디자인 방법에 대응하기 위한 방식으로 발전되었다. 에콜 데 보자르 출신 건축가들은 건물의 기능과 위치에 상관없이 엄격한 축과 양면 대칭을 기반으로 건축물을 설계했다. 그들의 설계에서는 사용자의 시선이 몸이 이동하는 축을 따라 목적지를 향해 이동하게 된다. 이러한 설계 방식은 시선과 몸이 같은 경로를 따라 동일하게 목적지까지 이어지도록 하며, 건축을 경험하는 과정에서 시각이 중요한 역할을 하도록 만들어졌다. 그러나 건축 공간을 경험할 때 시각과 신체가 동등하게 관여하더라도, 시각이 다른 미묘한 감각들을 압도하며 경험을 지배하는 경향이 있다. 이는 공간 속에서 신체의 위치를 인지하고 공간을 촉각적 감각으로 느끼는 더 미묘한 다른 감각들을 덮어 버려 결국 공간을 온전히 감각적으로 경험하는 기회를 없애는 결과를 낳았다.

초기 근대 건축의 특징 중 하나는 거주자의 시선과 그들의 신체가 이동하는 경로가 일치하지 않는다는 점이었다. 전통적으로는 중심 축을 따라 동일한 공간 순서를 보고 이동하는 방식이 일반적이었지만, 근대 건축에서는 거주자가 내부 공간에서 마치 미로를 헤매듯 평면과 단면을 따라 다양하게 이동했다. 목적지가 눈앞에 있음에도 불구하고, 실제로 거주자의 신체가 그 경로를 따라 곧바로 이동할 수는 없는 상황이 발생했고, 이로 인해 거주자는 다른 동선을 찾아 건물 내 다른 동선으로 이동하도록 유도했다. 이 과정에서 거주자는 건물 내 다양한 풍경과 다양한 시각적 경험을 얻게 되고, 같은 공간을 여러 곳에서 바라보게 만들었다. 이러한 시선과 신체의 경로 분리 방식은 초기 근대 건축에서 종종 대칭과 축 계획을 사용하여 이루어졌으며, 이는 에콜 데 보자르에서 배운 고대 건축의 배열 원칙을 근대적으로 재해석한 결과였다. 라이트, 로스, 르코르뷔지에와 같은 건축가들은 이러한 고전적 건축 원칙을 새롭게 해석하고 적용하고 변형하여 거주자가 내부 공간을 경험하는 방식에 큰 변화를 가져왔다.

'공간 안에서'의 근대적 변화는 라이트로부터 시작되었다. 그는 건축의 역사를 통틀어 대칭과 축 계획이 인간의 공간 조성에 핵심적인 요소로 작용해 왔다고 주장했으며, 이러한 정렬 방식은 특정 시대나 건축 스타일에 국한되지 않는 보편적인 원리라고 보았다. 라이트는 1914년에 출판된 자신의 에세이 시리즈 『건축의 이유(In the Cause of Architecture)』에서 젊은 시절 에콜 데 보자르의 고전적 디자인 방식을 의도적으로 깨트리기로 결심한 이유에 대해 설명했다. 그는 이러한 선택이 단순히 전통을 배격하는 것이 아니라, 역사적으로 위대한 건축이 지닌 진정한 정신을 따르기 위한 것이었다고 강조했다. 이는 근대 건축의 관례와 이상이 제한하는 범위를 넘어, 역사적으로 위대한 건축이 지닌 진정한 정신을 따르기 위함이었다. 라이트는 근대 건축의 관례와 이상이 창의성을 제한한다고 보았으며, 그로 인해 젊은 건축가들 사이에서 유행한 '전통보다 혁신(progress before precedent)'이라는 반고전적 구호를 비판하며, '경솔하고, 상상할 수 없는 일'로 치부하며 진정한 혁신은 전통을 무시하는 것이 아니라, 역사적 건축 정신을 새롭게 해석하고 이어가는 것에 있다고 강조했다.[1]

라이트의 초기 프레리 시대 작품들은 대부분 대칭적인 구조와 피라미드 형태 또는 입방형 외관을 가지고 있다. 특히, 건물의 평면도는 좌우 대칭을 이루고, 건물들은 축과 교차 축을 따라 정렬되어 있다. 예를 들어, 주택에서는 벽난로를 중심으로 방들을 배치하고, 공공 건물에서는 중앙의 빈 공간을 중심으로 전체 공간을 구성한다. 그러나 라이트는 건물을 설계할 때 이러한 '단순한 축 법칙과 질서'를 따르면서도, '대칭적인 구조가 분명하지 않더라도 공간의 균형이 항상 유지된다'고 언급했다.[2] 라이트의 디자인에서 대칭적인 외부의 형태는 안정감을 주어 내부의 중심 공간이 어디에 위치해 있는지를 분명히 나타내지만, 그 내부로 들어가는 입구는 쉽게 드러나지 않는다. 라이트의 건축물에서 중심 볼륨과 그 축은 견고하게 구성되어 있어 입구는 바로 눈에 띄지 않는 경우가 많다. 이는 방문객으로 하여금 건물의 대칭적 외관과 닫힌 외부 형태를 마주하면서 자연스럽게 내부 공간으로 들어가는 길을 찾도록 만든다. 입구는 건물 중심에 배치되기보다는 외곽을 따라 이동하며 발견되는 나선형 동선의 일부로 숨겨져 있다. 이로 인해 방문객은 건물 내부로 들어가는 과정을 단순히 공간을 통과하는 것이 아니라, 마치 건축과 상호작용하며 새로운 풍경과 공간을 발견해 가는 경험을 하게된다.

건물 안으로 들어서면, 나선형으로 시작된 진입 경로는 공간의 가장자리를 따라 이어지며, 각각의 공간들은 중앙이 아닌 모서리에서 순차적으로 접근하게 된다. 여러 번의 90도 회전을 거친 후에야 비로소 평면도의 중심 축과 일치하는 거실이나 주요공간에 도달하게 된다. 외부에서 처음 보았던 중심 공간은 숨겨진 진입 경로를 따라 천천히 재발견되고, 그 공간을 점유하는 순간은 신중하게 계획된 동선을 통해 이루어진다. 라이트의 이러한 설계 방식은 내부 공간으로의 접근을 단순한 이동이 아닌 의식적인 탐색으로 만들었다. 다시 말해, 거주자는 숨겨진 디자인의 질서를 파악하기 위해 공간을 유심히 경험해야 하며, 그 과정을 통해 주요 내부 공간에 도착했을 때, 무언가를 이루기 위한 노력의 가치를 느끼게 된다. 진입 과정에서 장벽이 많을수록 도착한 목적지의 가치와 매력이 더욱 커진다는 점을 염두에 둔 것이다.

라이트는 건물의 단순한 외형과는 달리, 내부 공간으로의 접근과 이동을 복잡하고 모호하게 만들기 위해 대칭 축을 적극 활용했다. 그는 의도적으로 길고 다양한 각도에서 공간을 바라볼 수 있는 동선을 마련하고, 최종 목적지의 특성과 대조되는 진입 경로를 의도적으로 설정했다. 이로 인해 사용자는 어둡고 복잡하게 얽힌 경로를 따라 이동하다가 밝고 넓은 중앙 공간에 이르게 되는 극적인 경험을 하게 된다. 라이트의 공공 건물 작품에서는 사용자의 이동 동선이 자연스럽게 주요 공간으로 향하며, 주택 디자인에서는 진입 동선이 입구 홀에서 시작하여 거실을 거쳐 식당으로 이어지는 연속적인 목적지로 이어진다. 특히, 라이트의 주택 설계에서는 내부의 각 공간들이 나무 격자 스크린을 통해 서로 다른 공간을 엿볼 수 있도록 설계되었지만, 각 공간으로 이동하려면 눈과 몸을 모두 90도로 회전해야 한다. 이러한 방식은 공간 간의 시각적 연결성과 신체적 움직임을 결합해, 공간을 경험하는 과정을 단순한 이동이 아닌, 유기적이고 다층적인 경험으로 만든다. 거주자는 공간의 가장자리를 따라 이동하고, 공간의 중앙이 아닌 모서리에서 방으로 진입하는 방식으로 동선을 유도한다. 처음에는 각 공간이 직사각형 형태로 연결되어 있으며, 시야가 원심형으로 퍼지며 공간들이 서로 연속적으로 펼쳐지는 듯한 인상을 준다. 그러나 각 공간의 중앙에 도달하면, 공간은 벽난로나 창문 같은 대칭적인 요소들에 의해 안정되고 중심을 잡고 있는 듯한 느낌을 준다. 라이트는 그의 모든 건물에서 사용자의 동선을 순수 기하학적 형태, 모듈화된 그리드, 축 대칭을 통해 정교하게 구성했다. 그는 공간을 거주하고 경험하는 사용자의 시선과 신체적 움직임을 건축 설계의 핵심 요소로 여겼다. 이는 건축물의 실제 사용자인 거주자가 공간을 탐색하며 발견하는 동선과 그에 따른 시각적 경험은 단순한 이동 이상의 의미를 가지며, 그 과정을 통해 공간의 다양한 층위와 감각적 경험을 제공하는 것이다. 라이트의 디자인은 건축의 물리적 구성뿐만 아니라, 그 안에서 이루어지는 인간의 경험까지

도 설계함으로써, 더욱 풍부하고 의미 있는 공간 경험을 가능하
게 했다.

라이트의 내부 공간에 대한 철학은 본질적으로 촉각적이고
다감각적이며 신체적인 경험을 중요시했으며, 이는 근대 건축가
들에게 깊은 영향을 미쳤다. 이는 미국의 건축가 마르셀 브로이
어(Marcel Breuer)의 말에서 잘 드러난다.

내가 [라이트의] 업적 중 가장 높이 평가하는 것은 그의 내부
공간에 대한 감각입니다. 내부 공간은 단순히 시각적으로만
경험되는 것이 아니라, 촉각을 통해서도 느낄 수 있는 자유로
운 공간입니다. 이 공간들은 우리의 걸음과 움직임에 맞춰 크
기와 형태가 조정되며, 변화하는 경험을 제공합니다.[3]

브로이어는 건축을 '공간의 예술(the art of space)'로 정의하며,
이상적인 내부 공간에 대한 개념과 그 경험의 본질은 라이트의
'공간 안에서'에 대한 개념과 밀접하게 연결되어 있다.

건축의 본질은 우리가 지은 건물 내부, 그리고 그 안에 존재
하는 공간 사이에 있습니다. 공간의 연속성에 대한 정확한 리
듬이 바로 건축의 예술이죠. 이는 엄격한 규칙으로 정해질 수
는 없지만, 간단하면서도 효과적인 몇 가지 방법이 있습니다.
예를 들어, 천장이 낮고 어두운 좁은 공간에서 천장이 높고
넓고 밝은 공간으로 들어가는 것은 매우 흥미로운 경험을 선
사합니다. 그림을 감상할 때는 오직 눈을 사용하지만, 건축을
경험할 때는 우리의 몸 모든 감각이 함께 참여합니다. 건축은

단순히 눈으로 보는 예술이 아니라, 걸으며, 만지며, 느끼는 신체적인 미학입니다.[4]

로스의 주택 설계는 내부 공간 경험의 중요성을 강조했다. 그는 도심 거리의 번잡한 공적 세계로부터 단절된 사적인 주거 환경을 조성하는 것을 중요시했다. 로스의 주택들은 엄격한 대칭적인 외관을 보여주며, 중앙의 입구와 창문 배치는 마치 가면을 쓴 것처럼 보이기도 한다. 그러나 내부로 들어서면 그 대칭성이 깨지고 방문자는 완전히 다른 경험을 하게 된다. 로스는 진입축을 차단하고, 방문자들을 짧은 계단과 여러 번의 90도 회전을 통해 이동하도록 유도한다. 건물 내부로 들어서면, 방문자는 주택의 메인 층으로 이어지는 빛을 따라 계속해서 복잡한 회전 동선을 따라 올라가게 된다. 이 동선은 주택의 다층화된 지형(바닥면, stepped topography)을 반영한 설계로, 바닥이 계단식으로 변형된 듯한 느낌을 준다. 그 동선을 따라 거실에 도착하면, 이곳이 주택 내에서 가장 넓고 높은 공간임을 경험하게 된다. 거실에서는 여러 다른 공간들이 자연스럽게 연결되어 있으며, 이 중 일부는 바닥이 더 높게 위치해 있어 다양한 레벨의 공간을 경험하게 한다. 특히, 식당은 거실의 한쪽 벽을 따라 열려 있지만, 그 바닥은 거실보다 1미터 더 높게 위치해 있다. 이렇게 배치된 두 공간은 각각 다른 조도와 뷰를 제공하여, 마치 극장의 관객석과 무대처럼 극적인 분위기를 연출한다. 여기서 더 높은 곳에 위치한 아담한 식당은 무대의 역할을 하고, 넓고 낮은 거실은 관객석처럼 연출된다. 스크린 벽으로 둘러싸인 작고 개인적인 방들은 거주자들이 거실을 직접 바라보지 않더라도 그곳에서 일어나는 대화를 들을 수 있도록 넓은 거실에 인접하게 배치되었다. 이러한 배치는 거실의 활동에 직접 참여하지 않으면서도 그 분위기를 느낄 수 있는 비밀스러운 관찰의 장소를 제공한다. 복잡하게 얽힌 방들, 다양한 바닥 높이, 통로, 계단, 계단 참은 주요 공간 안에서 일련의 신중하게 조정된 다양한 시각적 경험을 제공한다. 거주자는 몇 걸음만 이동해도 한 공간에서 다른 공간으로 옮겨가며, 각기 다른 시점에서 공간을 새롭게 경험할 수 있다. 이는 내부 공간을 보다 다채롭고 동적으로 경험하게 만드는 설계 방식이다.

르코르뷔지에는 에콜 데 보자르의 전통적인 설계 방식을 강하게 비판했다. 그가 이 학교의 지배적인 디자인 방식을 직접 경험했기 때문에, 그의 비판은 라이트보다 훨씬 더 격했다. 1923년 출간된 저서 『건축으로의 길(Vers une architecture)』에서 그는 에콜 데 보자르의 전통적인 설계 방식인 경직된 규칙에 얽매이지 말고, 고대 건축에서 발견된 질서 원칙을 다시 적용해야 한다고 주장했다. 르코르뷔지에는 파리의 노트르담 대성당과 로마의 미켈란젤로의 캄피돌리오(Michelangelo's Campidoglio)와 같은 역사적 건축물의 정면을 구성하는 비례적 '규제 선(regulating lines)'을 예로 들며 그 중요성을 설명했다. 그는 또한 판테온과 산타 마리아 인 코스메딘(Santa Maria in Cosmedin)의 내부 공간을 통해 '로마의 교훈(lessons of Rome)'을 제시했다. 그는 라이트보다 더 명시적으로 이러한 대칭과 비례 체계가 특정 시대나 건축 학파에 국한된 것이 아니라, 건축이라는 학문 전체에 적용되는 보편적인 원리라는 점을 강조했다. 르코르뷔지에는 '규제 선'의 사용을 설명하기 위해 '원시적인 사원(primitive temple)'을 예시로 들었다.

이 사원은 벽으로 둘러싸인 영역 안에 큰 텐트가 위치해 있으며, 평면에서 두 개의 정사각형으로 구성된 단순한 형태를 가지고 있다. 사원에 대해 그는 이렇게 언급했다.

> 이것은 주택의 평면도이자 동시에 사원의 평면도일 수 있습니다. 이 두 공간은 동일한 건축적 정신이 깃들어 있습니다. 우리는 그 정신을 폼페이의 집(Pompeian house)에서 다시 만나고, 룩소르 신전(Temple of Luxor)에서도 느낄 수 있습니다. 원시 인간이란 존재하지 않습니다. 원시적인 자원만 있을 뿐입니다. 이 개념은 처음부터 끊임없이, 강력하게 작용합니다.[5]

라이트, 로스와 마찬가지로, 르코르뷔지에의 초기 주택들은 거의 예외 없이 전면이 대칭적인 파사드로 디자인되었다. 이러한 주택들의 기둥 구조는 종종 넓고 좁은 구획이 교차하는 싱코페이티드 그리드(불규칙적인 리듬의 그리드, syncopated grids)*에 따라 배열되었다. 이는 건축가 콜린 로우(Colin Rowe)가 안드레아 팔라디오(Andrea Palladio)의 주택 계획과의 공통된 특성으로 지적한 바 있다.[6] 건물 중앙에 위치한 넓은 구역은 양쪽의 좁은 구역을

---

*   싱코페이티드 그리드는 건축에서 사용되는 격자 패턴의 일종으로, 균일한 간격으로 배열된 표준 격자와는 달리, 넓고 좁은 구획이 번갈아가며 나타나는 격자 패턴을 말한다. 이는 음악에서의 싱코페이션(syncope)과 비슷한 개념으로, 규칙적이지 않은 박자와 리듬을 통해 독특한 느낌을 주는 것과 유사하게, 건축에서도 이러한 변화를 통해 시각적, 공간적 다양성을 제공한다. 이러한 싱코페이티드 그리드는 단조로운 배열을 피하고, 공간의 리듬감을 강조하며, 시각적으로 흥미로운 요소를 더하는 데 사용된다. 르코르뷔지에와 같은 건축가들은 이러한 패턴을 통해 공간을 더 역동적이고 유기적으로 만들고자 했다.

중앙 축을 따라 배치된 대칭적으로 구성된 내부 공간들은 중앙을 차단하면서도 코너에서 인접한 공간으로 열리며, 중앙 갤러리를 중심으로 나선형으로 움직이도록 설계되었다.
브래드 클로필, 클리포드 스틸 미술관, 콜로라도 덴버. 중앙 갤러리의 열린 모서리 내부 모습(위)과 측면 갤러리와의 평면도 관계 및 수직 공간과의 단면도 관계를 나타낸 다이어그램(아래). 2011년 11월 16일 스케치.

통해 진입하는 것이 일반적이었지만, 거주자들은 내부에 들어서자 마자 외부 파사드의 균형 잡힌 대칭 배치가 내부에 펼쳐지는 역동적인 공간과는 아무런 관련이 없음을 발견하게 된다. 내부에서는 곡선과 각진 벽을 따라 움직이는 대신, 자유로운 형태의 계단과 경사로, 그리고 공간을 대각선으로 가로지르는 천장 개구부와 같은 입체적 형태를 경험하게 된다. 주택의 정문에서 최종 목적지까지의 동선은 종종 거실이나 식당이 아닌 하늘과 풍경을 향해 열린 외부 테라스에 이르게 된다. 이러한 동선은 거주자들을 건축적 산책이라 불리는 건축 경험을 위한 공간의 연속적 순서로 길을 안내한다. 이 미로 같은 동선은 대칭의 중심축을 여러 번 가로질러 대각선으로 진행되며, 마지막에는 역동적이고 비대칭적이며 거의 완전히 개방된 주택의 배면에 도달하게 된다.

이 상황에서 시선과 몸의 공간적 동선 사이의 유사성이나 차이점에 대한 예외 사례들이 일반적인 원칙을 입증한다. 즉, 에콜 데 보자르의 학문적 방법에 따라 설계된 대부분의 건물들이 시선과 몸의 동선이 건물의 중심축을 따라 같은 방향으로 이동하는 것으로 특징 지어지는 반면, 당시 최고라 평가되는 몇몇 건축물들은 시선과 몸의 동선이 서로 다르게 설계되었으며, 이는 현대적 관점의 모더니즘 건축물에서 경험되는 거주방식과 더 가깝다는 것을 의미한다. 뉴욕 공공 도서관은 이에 대한 대표적인 사례이다. 이 도서관은 1911년 에콜 데 보자르 출신 건축가 카레르 & 헤이스팅스(Carrère & Hastings)의 설계로 완공되었다. 방문객은 웅장한 계단을 오르고, 중앙 입구를 통해 홀로 진입하게 된다. 이 계단은 도시 부지에 원래 있었던 저수지를 떠올리게 하는 섬세한 형태로 설계되었다. 홀로 진입하면, 홀의 축 중심이 신체의 이동을 막고 있는 것을 발견하게 된다. 그러나 목적지는 입구 홀의 끝과 위, 즉 가장 중요한 독서실 위치에 있어, 그곳에 도달하기 위해서는 홀 중심 양쪽에 설치된 계단 중 하나를 선택하여 올라가야 하며, 이 동선은 건물의 최상단, 즉 책장 여섯 개 높이에 달하는 층 위에 있는 주요 독서실에 도달할 때까지 이어진다. 이곳에서 방문자는 계단을 오르며 책장의 높이, 즉 공간의 높이를 실제 몸으로 경험하게 된다. 뉴욕 공공 도서관의 동선 설계는 시선과 몸의 이동 경로를 다르게 설정함으로써, 방문자가 공간을 탐험하고 다양한 시각적, 감각적 경험을 할 수 있도록 유도한다. 이는 시선과 몸의 동선이 일치하는 전통적인 건축 방식과는 대조되며, 근현대 건축물에서 경험되는 공간적 다양성과 유사한 특징을 가지고 있다.

근대 초기 건축가들과 동시대인이었던 철학자 앙리 베르그송(Henri Bergson)은 1889년 작품인 『시간과 자유의지(Time and Free Will)』에서 내부 공간을 통해 시각적이고 신체적 동선이 복잡하게 얽혀 있는 개념과 마찬가지로 다음과 같은 말로 시작한다.

우리는 필연적으로 언어를 통해 자신을 표현하며, 공간 개념을 통해 사고합니다. 즉, 언어는 우리가 사물들 사이를 뚜렷하고 정확하게 구분하듯이, 우리의 생각들 사이에도 명확한 경계를 설정하게 만듭니다.[7]

베르그송은 인간 경험이 내부적이고 집중적인 상황에 의해 주로 지배되며, 이로 인해 시간은 지속적이고 연속적으로 경험되고, 공간은 압축되고 그 범위 내에서 해방되는 것으로 경험한다고 주장했다. 반면, 외부적이고 광범위하게 퍼져 있는 상황에서 시간은 단편적이고 불연속적으로, 공간은 계산 가능하고 구분이 없는 것처럼 경험을 축소시킨다고 보았다. 베르그송은 우리가 경험을 해석하거나 반응하는 데 보이는 일정한 태도를 다음과 같이 언급했다.

우리는 순수하게 집중된 움직임의 감각과 그 움직임이 통과하는 공간의 광범위한 표현을 뒤섞는 경향이 있습니다. 한편으로 우리는 움직임을 통해 공간을 나눌 수 있다고 생각하지만, 실제로는 물체는 나눌 수 있어도 행위 자체는 나눌 수 없다는 점을 잊고 있습니다. 다른 한편으로 우리는 이 행위 자체를 공간에 투영하여, 움직이는 몸이 지나가는 모든 동선에 적용하고, 결국 이 움직임을 고정화하는 데 익숙해집니다.

고정된 시간과 분할된 공간의 광범위한 이해 대신에, 베르그송은 흐르는 시간 속의 집중적인 경험이 '공간에서의 펼쳐지는 과정'이라고 믿었다.[8]

초기 근대 건축에서의 내부 공간의 경험에 대한 시선과 몸의 분리된 동선의 개념은 제이 애플턴(Jay Appleton)의 저서 『경관의 경험(The Experience of Landscape)』에서 탐구한 '전망과 피난(prospect and refuge)'의 심리학적 이론과 관련이 있다.[9] 애플턴에 따르면, 우리가 건물 안에서 편안함을 느끼기 위해서는 보이지 않는 상태에서 주변을 볼 수 있어야 한다고 주장했다. 즉, 다양한 방향으로 외부를 볼 수 있고, 외부에서 다가오는 사람을 확인할 수 있는 '전망'과 동시에 외부에서 우리가 보이지 않는 보호된 공간에서 우리 자신을 숨길 수 있는 '피난'을 필요로 한다. 그랜트 힐더브랜트(Grant Hildebrand)의 저서 『라이트 공간(The Wright Space)』은 라이트의 주택들이 어떻게 '전망과 피난'의 이상적인 장소를 제공하는지 보여준다. 이 주택들은 무겁고 보호적인 석조 덩어리 뒷편에 배치된 연속된 창문과 낮은 지붕 아래로 설치된 창문을 통해, 내부의 깊이 그늘진 공간에 있는 사람들이 밝게 빛나는 외부 공간을 내다볼 수 있지만, 외부에서는 그들이 보이지 않도록 설계했다.[10] 건축사학자 빈센트 스컬리(Vincent Scully)는 영화《전망 좋은 집(A Room with a View)》을 떠올리게 하는 방식으로, 라이트의 주택을 '전망이 있는 보금자리(a womb with a view)'로 묘사하며,[11] 전망과 피난의 경험적 의미를 실감나게 전달했다. 라이트에게 이러한 보호된 공간에서 바라보는 외부의 전망은, 인간의 자유를 상징하는 지평선까지 이어지는 풍경을 담고 있었다.

> 본능적으로 깊게 자리잡은 생각일지 모르지만, 모든 거주지의 근본적인 특징은 보호이어야 합니다. 나는 건물을 단순한 동굴이 아닌, 열린 자연 속에 펼쳐진 넓은 보호 공간으로 보기 시작했습니다. 이는 외부와 내부 모두를 아우르는 보호 공간입니다.[12]

독립된 시선과 몸의 동선 개념과 관련하여, 르코르뷔지에와 같은 시대의 인물이며 그의 초기 작품들을 존경하는 철학자 겸 시인 폴 발레리는 1921년 작품인 『에우팔리노스 혹은 건축가

(Eupalinos: Or, The Architect)』에서 공간 속에 갇힌 신체 경험의 본질에 대해 언급했다. 이 작품에서, 건축가는 다음과 같은 말로 시작한다.

> 내가 주택을 설계할 때…… 비록 여러분에게는 이상하게 들릴 수 있지만, 내 몸이 이 과정에 일정 부분 참여하고 있는 것처럼 느껴집니다……. [사람들은 자신의 몸을 통해] 보고 만지는 것에 참여합니다……. 그들은 만지고, 만져집니다.

에우팔리노스(Eupalinos)는 '이 사원의 내부에서 우리는 일종의 완전한 위대함 속에 살아가는 것을 경험한다. ……우리는 그 안에서, 움직이며, 살아간다'라고 계속 말했다.[13] 1984년, 발레리는 에세이 『레오나르도 다 빈치의 방법론 소개(Introduction to the Method of Leonardo da Vinci)』에서, 추상적이고 시각 중심적인 개념이 실제적이고 감각적인 체험보다 우세하게 되는 경향에 대해 언급했다.

> 대부분의 사람들은 세상을 눈으로 보기보다 생각으로 더 많이 바라봅니다. 그들은 색으로 가득 찬 공간보다 개념의 윤곽을 더 선명하게 인식합니다. 흰색의 무언가, 입방체 모양, 세워진 구조물, 유리의 반짝임이 평면을 가르며 서 있는 모습을 보면, 그들에게 그것은 곧 집입니다ㅡ집!ㅡ복잡한 개념이자 추상적인 특성의 결합된 상집입니다. 만약 그들이 바라보는 위치가 바뀌어, 창문들의 배열이 흔들리고, 표면이 변화하며 감각적 경험이 지속적으로 달라진다 해도, 그들에게 모든

것은 여전히 멀게만 느껴질 것입니다. 왜냐하면 그들의 머릿속에 자리잡은 개념은 변하지 않기 때문입니다. 그들은 세상을 눈으로 보기보다 사전의 정의로 인식하며, 사물의 본질을 맹목적으로 바라봅니다. 그 결과, 시각적 경험이 주는 난해함과 즐거움을 흐릿하게 살펴 보내며, 스스로 '아름다운 경치'라는 개념을 창조해냈습니다. 그러나 그들은 이 아름다운 경치를 제외한 나머지 세상에 대해서는 전혀 알지 못합니다.[14]

결론적으로, 초기 근대 건축가와 예술가들이 공유했던 내부 공간의 개념과 그 인식, 그리고 신고전주의적 공간 해석과 고정된 단일 관점에 대한 그들의 공통된 비판을 살펴보는 것은, 약 100년 전 근대 공간 개념이 처음 시작될 때 모든 예술을 포함하고 통합하며 참여시키려는 의도로 이해되었음을 상기시켜 준다. 이러한 예술과의 연관성 중에서도 특히 중요한 것은 근대 건축물 내부에서 경험되는 다양한 관점들로, 이는 거주자의 시선이 건물의 대칭적 중심축으로부터 벗어나 거주자의 시선과 몸이 내부 공간을 평면과 단면에서 자유롭게 탐색하여, 다양한 관점이 형성되는 것이다. 라이트, 로스, 르코르뷔지에의 초기 건축물들은 종종 대칭적인 파사드로 특징지어졌지만, 이는 내부의 비대칭적이고 미로처럼 이어지는 내부 동선과 대조를 이루며, 거주자가 같은 공간을 다양한 시점에서 볼 수 있게 했다. 이는 동시대의 큐비스트(입체주의) 회화의 특징과 유사한데, 여기서는 한 장의 캔버스 안에 다양한 시점이 동시에 표현된다. 비평가 존 버거(John Berger)는 큐비스트 회화가 동일한 대상과 공간에 대한 다양한 시점을 포함할 수 있었던 것은 큐비스트들이 구조의 연속성을 창조하여, 그 안에서 발생하는 사건들의 연속성의 일부로 공간을 만들었기 때문이라고 설명했다. 이로 인해, 대상들 사이의 공간은 대상들 자체의 구조의 일부가 되었다.[15]

근대 예술과 건축 사이에는 '외부 상자를 깨다(break the (exterior) box)'라는 공통된 요소가 있으며, 이는 라이트의 초기 작품과 데 스테일 운동의 건축가 헤리트 리트벨트와 테오 반 되스버그(Theo van Doesburg)의 설계에서 특히 두드러진다. 전통적인 건축의 닫힌 직사각형 형태를 열어 공간을 확장하고자 했던 라이트와 반 되스버그는 각각 중앙의 견고한 석조 벽난로와 중앙의 입방체 공간에서 시작하여, 공간을 외부로 펼쳐내며 평면의 표면을 겹치고 맞물리는 형태로 전개시켜 주변 가장자리를 형성했다.

또 다른 공통점은 공간 내부와 그것을 형성하는 평면의 표면이 접혀 있거나, 펼쳐져 내부와 외부의 경계를 뒤집거나 재진입하는 모서리를 만드는 것이다. 이는 라이트의 프레리 하우스와 유소니안 하우스(Usonian houses), 그리고 화가 파울 클레(Paul Klee)와 요제프 알베르스의 예술 작품 모두에서 드러난다. 알베르스는 '구조적 별자리(Structural Constellations)'를 설명하며 '움직임: 도착에서 출발로, 확장: 내부에서 외부로, 그룹화: 함께에서 분리로, 부피: 가득 찬 것에서 비어 있는 것으로'라고 표현했듯이, 폴디드 월들로 형성된 내부 공간을 통해 이동하는 경험을 의미한다.[16] 초기 근대 미술과 건축 간에 교류된 주요 원리 중 하나는 르코르뷔지에에 초기 작품에서 볼 수 있는 내부 공간의 전개였다. 이는 순수주의 회화에서 영감을 받은 '윤곽의 결합'을 통해 가능했다. 건축사학자 콜린 로우와 화가 로버트 슬러츠키

(Robert Slutzky)는 건축적 산책을 통한 내부 공간 탐험 중 내외부의 지속적인 전환을 '동시성, 상호 침투, 중첩, 모호성…… 투명성'으로 특징짓는다고 언급했다.[17]

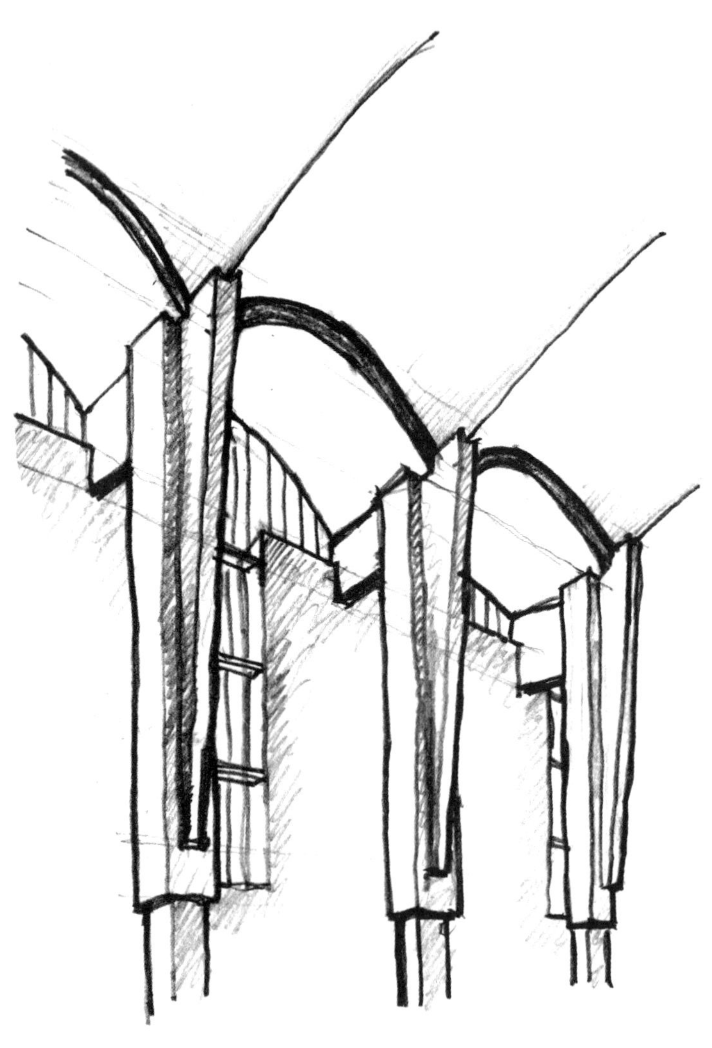

자연광 도입으로 정의된 내부 공간은 빛이 외벽을 깎아내리는 듯한 효과를 만들어내며, 내부 구조를 밝히고 천장의 아치를 조각하는 듯한 경험을 선사한다.
알토, 핀란드 세이나요키에 위치한 레이크우덴 리스티 교회, 창문 개구부가 있는 내부 이중 벽, 구조, 천장.
2003년 9월 15일 스케치.

다섯. 내부 공간의 형성과 장소의 경계

고대부터 현대 작품에 이르기까지 내부 공간으로 정의된 전통적 의미의 건축에서 건물은 외부 형태가 아닌 내부 공간의 외부 표면(껍데기), 즉 거주하는 내부 공간의 '피부'라 할 수 있다. 이러한 건물은 외부 형태가 정한 한계와 경계 안에서, 경험과 거주를 위한 내부 공간이 전개될 수 있도록 한다. '안에서 밖으로(inside-out)'의 건축적 해석은 내부 공간의 경계, 표면, 형태에 의해 규정된다. 이 관점은 2세대 근대 건축가 반 에이크가 잘 요약했으며, 그는 1958년에 데 스테일의 창시자 중 한 명인 헤리트 리트벨트의 내부 공간 중심의 건축에 대해 다음과 같이 평가했다.

[리트벨트(Rietveld)]는 물질적 경계로 공간을 만드는 대신 빛의 조형을 통해 공간을 창조한 사람 중 한 명입니다. 리트벨트의 건축은 복잡한 형태든지 아니든지 단일하고 독립적인 공간을 다룰 때 가장 강력합니다. 이 경우 공간의 경계가 그

공간을 감싸는 재료가 됩니다. 리트벨트는 무형의 빛과 공간을 통해 그가 '그리고(draw)', '구축(construct)'해야 하는 유형에 접근합니다. 그는 일반적인 방식과는 반대로, 공간의 관점에서 건축 물성을 다루는 데 성공했습니다.[1]

초기 근대 건축가들은 내부에서 경험할 수 있는 거주 공간의 내부 부피를 형성하는 데 초점을 맞췄으며, 이는 부분적으로 프랑스 엔지니어이자 미술사학자인 오귀스트 소이지(Auguste Choisy)의 저서에서 영감을 받았다. 그의 저서 중 하나인 1873년 『로마인의 건축 예술(L'Art de bâtir chez les Romains)』은 로마 건축의 벽과 아치형 천장의 벽돌과 콘크리트 구조를 매우 세밀하게 묘사했으며, 엑소노메트릭(axonometric)을 통한 내부 조감도를 포함하고 있다. 또한 1899년 두 권짜리 대작인 『건축사(Histoire de l'architecture)』는 전 세계와 역사를 아우르는 건축과 건축 기술에 관한 폭 넓은 연구를 담고 있다. 이 책은 미스 반데어로에, 르코르뷔지에(자신의 저서 '건축으로의 길(Vers une architecture)'에서 소이지의 일러스트를 여러 번 재현함), 알토, 칸(소이지의 독특한 그림 기법을 자신의 디자인을 설명하는 데 사용함) 등을 포함한 여러 세대의 근대 건축가들의 교육에서 중요한 건축 역사 서적으로 사용되었다.

소이지의 『건축사(Histoire)』에 실린 1,760개의 드로잉 중 대부분은 '하단 시점의 액소노메트릭(up-view axonometric)'이다. 이 그림들은 마치 건물의 벽이 바닥에서 잘려 위로 들어올려진 것처럼 표현되며, 우리가 지면 아래에서 공간을 바라보는 듯한 독특한 시각을 제공한다. 이러한 시점을 흔히 '앙시도(worm's-eye view)'라 부른다. 반면, 위에서 본 시점은 '조감도(bird's-eye view)'

라고 한다. 평면도는 검은색으로, 전체 단면도는 해칭된 회색으로 표현되며 벽과 천장의 윤곽과 모서리는 단선으로 묘사된다. 이 드로잉들은 세계 각지 다양한 시대의 건축물을 광범위하게 보여주지만, 벽의 질량을 강조하는 공통된 드로잉 기법을 사용함으로써 서로 다른 건물물에 일정한 통일감을 부여한다. 특히, 이 드로잉들은 건축 재료보다 내부 공간의 볼륨을 강조하여, 건물의 외부보다는 내부 벽과 천장 표면을 주로 나타낸다. 이를 통해, 이 드로잉들은 역사적 건축물의 내부 공간이 어떻게 형성되고 정의하는지 중점적으로 보여준다.[2]

　1952년 이탈리아 건축가 루이지 모레티(Luigi Moretti)는 에세이『공간의 구조와 순서(Structures and Sequences of Spaces)』에서 내부에서 경험되는 거주 공간에 대한 인식과 개념을 근대적으로 분석한 탁월한 견해를 제시했다. 그는 '명암, 구조적 직물, 조형성, 재료의 밀도와 질, 표면의 기하학적 관계' 등 건축의 다양한 구성 요소들 사이에 존재하는 긴장감을 강조하면서, 이 모든 요소들이 결국 내부 공간을 둘러싸는 역할을 한다고 주장했다.

　그러나 다른 요소들보다 더 여유롭고 심플하게 접근할 수 있는, 건축을 대표하는 한 가지 두드러진 측면이 있습니다. 바로 내부에 비어 있는 공간입니다.

　내부 공간은 건축의 기원이자 건물을 짓는 주된 이유였으며, 이 사실은 고대인들에게 매우 명백한 사실이었다. 수 세기 동안, 내부 공간을 정복하고 해석하는 일은 건축의 역사를 대변하는 본질로 여겨져 왔다.[3] 모레티는 자신의 에세이에서 이를 일련의 석고 모형으로 설명했는데, 이는 선택된 역사적 건축물들의 내부 공간을 정교하게 재현한 것이다. 그는 외부 벽의 질량을 제거하면서 마치 주조 과정에서 사용되는 거푸집인 것처럼 거주 가능한 내부 공간을 하나의 고체처럼 구체화했다. 이러한 방식으로 건물 구조 내부에 포함된 요서들을 문자 그대로 조각적인 형태로 형상화하였고, 이러한 공백을 고체로 변환하는 과정을 강조하기 위해 이를 '내부 입체 기하학(internal stereometry)'이라고 불렀다. 이 용어는 일반적으로 견고한 돌의 형태를 만드는 데 사용되는 입체적인 곡선 기하학을 설명하는 데 사용된다. 모레티는 분석된 건물들의 '내부 부피의 순서(sequences of internal volumes)'에서 공통적인 특성을 확인했다. 즉, 크기(절대 부피의 양), 밀도(빛의 양과 분포와 관련), 압력(경계면 또는 질량의 근접성과 관련)은 공간의 흐름을 압축하고 해방시키는 역할을 하며, 공간의 본질과 경험을 조형한다.

모레티는 로마의 하드리안 빌라(Hadrian's Villa)를 시작으로 '로마와 함께 탄생한 위대한 건축의 공간들'을 분석했다. 이 공간은 직사각형, 큐브, 원통, 구 등 순수 기하학적 형태로 구성되어 있으며, 두꺼운 외벽에 조각된 통로로 연결되어 있다. 이러한 구성 방식은 르코르뷔지에가 그의 저서 『건축을 향하여(Vers une architecture)』의 '로마의 교훈(The Lessons of Rome)' 장에서 보여준 로마 건물의 외부 형태와 내부 구조의 대조와 대비를 의도한 것으로 보인다. 모레티는 르네상스 시대 건축가인 안드레아 팔라디오와 미켈란젤로의 작품을 분석하며, 이들이 설계한 건물이 어떻게 정교하게 계획된 기하학적 부피들로 구성되었는지를 설명한다. 그는 우르비노에 있는 두칼레 궁전(Palazzo Ducale)과 같은 르네상스 거주 공간들이 기하학적 형태를 유지하면서도 공간들 간의 차원을 미묘하게 조정하여 섬세한 '연속성'을 갖추고 있다고 말한다. 모레티의 분석에서 핵심은 바로크 후기 건축가 과리노 과리니(Guarino Guarini)의 교회 건물 디자인에 있다. 과리니는 이 건물에서 '가장 정확하게 연결되는 볼륨, 가장 적게 반복되는 통로, 공간의 확장과 열림 그리고 이를 통한 빛의 찬란함과 희미함'을 조화롭게 조성하는 방법을 발견했다.[4]

슈마르조부터 제비에 이르기까지 많은 비평가들이 근대 건축 설계에서 내부 공간의 중요성을 주장했음에도 불구하고, 모레티는 라이트의 두 개의 원통이 맞물린 미완성 주택을 제외하고는, 근대 건축가들이 내부 공간의 연속성에 관한 법칙을 잊었다고 지적했다. 모레티는 그래픽 기호로 단순히 확장하는 것에 그치지 않고, 공간을 더욱 섬세하고 생동감 있는 요소로 적극적으로 다루어야 한다고 주장했다. 그는 이러한 접근이야말로 공간을 실제로 '정복하는 방법'이라고 보았다. 또한 모레티는 내부 공간이 어떻게 구상되고 시각화되는지 매우 중요하다고 강조했다.

근대 건축이 공간의 실체를 무시함으로써 범한 실수들이 있습니다. 이는 근대 건축이 실제 공간을 사실 그대로 인식하고 표현하지 않고, 단순히 그림이나 사진과 같은 이차원적 기호로 단순화했기 때문입니다.[5]

하지만 모레티의 체적 주조 방법(volumetric casting method)*과

그의 주조물이 기초적인 기하학적 공간 개념을 훌륭하게 제시한다는 점은 인정되지만, 라이트를 비롯한 많은 근대 건축이 가진 경계가 모호하게 정의된 공간을 분석하는 데 있어서는 이 접근 방식이 본질적으로 적합하지 않았을 수 있다는 주장이 제기될 수 있다. 이는 모레티가 미스 반데어로에를 비판한 점에서 드러난다. 그는 미스의 작품이 스크린 벽과 다이어프램(diaphragm)*을 통해 하나의 통합된 공간을 해체한다고 주장했다. 모레티는 브르노에 있는 미스의 투겐트하트 빌라(Villa Tugendhat, 1930)에 대해 다음과 같이 언급했다.

> 구조적으로 불규칙한 기하학적 형태를 가진 볼륨으로부터 시작하여 공간을 분리하고, 스크린 벽과 다이어그램을 삽입하여 통합적이고 직접적인 해석을 방해하며, 예측할 수 없는 불확실한 경계 영역을 형성합니다.[6]

그러나 다양한 높이의 외부 스크린 벽들이 서로 얽히고 겹치며 층층이 쌓인 구조, 내부 공간이 서로 교차하고 중첩되는 과정에서 생겨나는 주변 경계의 경험적 모호함은 사실상 근대 건축에서 표현되는 내부 공간의 중요한 세 가지 특징 중 하나이다.

태로 재현함으로써 공간의 부피와 형태를 명확하게 보여주는 방식이다. 예를 들어 건축물의 내부 공간을 석고나 다른 재료로 채워서 거푸집을 만들고 이를 통해 공간의 실제적인 부피와 형상을 입체적으로 표현하는 것이다.

* 다이어프램은 건축 구조물 내부에서 공간을 분할하거나 구성하는데 사용되는 벽이나 판을 의미한다. 일반적으로 이는 공간을 분리하고 조절하는 데 사용되며, 주로 각종 건물의 내부 구조에서 발견된다.

최근 들어, 사람들이 거주하는 공간의 빈 부분을 조각 같은 실체로 변형하여 더 정확하게 인식할 수 있도록 만든 모레티의 석고 모델은 건축가이자 교육자인 피터 매기어(Peter Magyar)의 저서 『Spaceprints: 건축에서의 응용 위상수학 핸드북(Spaceprints: A Handbook of Applied Topology in Architecture)』(1984)에서 선보인 그림들과 상호 보완 및 대조를 이룬다.[7] 매기어는 내부 공간을 감싸고 있는 얇고 피부 같은 외부 표면만을 그림으로 표현하며, 이는 반 에이크의 '공간의 외부 표면이 내부 공간을 형성하는 물질이 된다'는 개념을 명확하게 드러낸다. 매기어의 '비어 있는' 그림들은 기본적으로 인간 거주를 위해 형성된 공간에 집중하며, '공간은 인간에게 '경계 조건'을 통해서만 인식 가능'하며, 그림을 통해 '그릇, 탐색, 그리고 평가가 동시에 이루어질 수 있다'고 주장한다.[8] 매기어는 이런 유형의 분석적인 그림을 통해 우리가 살고 있는 내부 공간을 감싸고 있는 공간의 피부를 정확하게 감지할 수 있게 한다. 설계 과정에서 이러한 유형의 그림을 사용하면, 거주 공간을 마치 도기장이 그릇의 내벽을 형성하는 것처럼 활발하게 만지고 형태를 조절할 수 있다. 매기어의 그림은 내부 공간의 텅 빈 부분이 그것을 감싸는 단단한 경계로 둘러싸인 것만으로 인식될 수 있다는 사실을 보여준다. 이는 우리의 내부 경험을 형성하는 내부 표면을 강조한다.

모레티의 공간 구획에 대한 전통적인 분석과는 달리, 1983년 출간된 네덜란드 출신의 베네딕토회 수도사이자 건축가인 돔 한스 반 데르 란(Dom Hans van der Laan)은 저서 『건축적 공간(Architectonic Space)』에서 거주 공간을 인류학적 시각으로 정의했다. 반 데르 란은 인간이 건축할 때 형성되는 공간을 '경험 공간(experience-space)'이라고 정의하며, '역사학자인 소이지가 석기 시대로 거슬러 올라가듯, 건축가는 건축의 기초로 돌아가야 한다. 이는 결국 같은 의미를 지닌다'라고 주장했다. 그는 인간이 자연 속에 존재하기 위해 가장 먼저 만들어야 할 것들 중 하나가 집이라고 말하면서, 공간을 정의하는 데 있어 벽이 가장 중요하다고 강조했다. 그의 분석에 따르면, 벽의 제한된 질량은 무한한 대지의 질량에서 끌어올려져 무한한 자연 공간에서 제한된 경험 공간을 구획한다. 이로 인해, 무한한 대지와 대기라는 수직적으로 연결된 솔리드하고 보이드한 영역은 건축의 한정된 솔리드(벽)와 보이드(경험 공간)라는 수평적으로 연결된 요소와 대조를 이룬다. 반 데르 란은 내부(거주 공간)와 외부(자연 공간)를 명확하게 구분하면서, 다음과 같이 설명했다.

건축적 공간의 외부는 벽의 물질로 정의되며, 이는 외부에서 공간을 경계 짓습니다. 반면, 우리가 경험하는 내부 공간은 우리의 다양한 능력과 활동에 의해 정의되며, 이는 내부에서 경계를 형성합니다.

첫 번째 공간은 '껍데기 공간(shell-space)'이라고 할 수 있는데, 이는 외부 벽의 단단한 껍데기로 인해 제한을 받습니다. 반면, 두 번째 공간은 '핵심 공간(core-space)'으로 나타나며, 이는 우리의 존재에 따라 중심에서 바깥쪽으로 제한이 결정됩니다. 자연 공간 속에서 경험 공간의 이미지는 텅빔에 둘러싸인 충만함의 개념을 제공합니다. 이는 공간 경험이 우리 몸의 존재에 의해 공간 안에서 결정되기 때문입니다.[9]

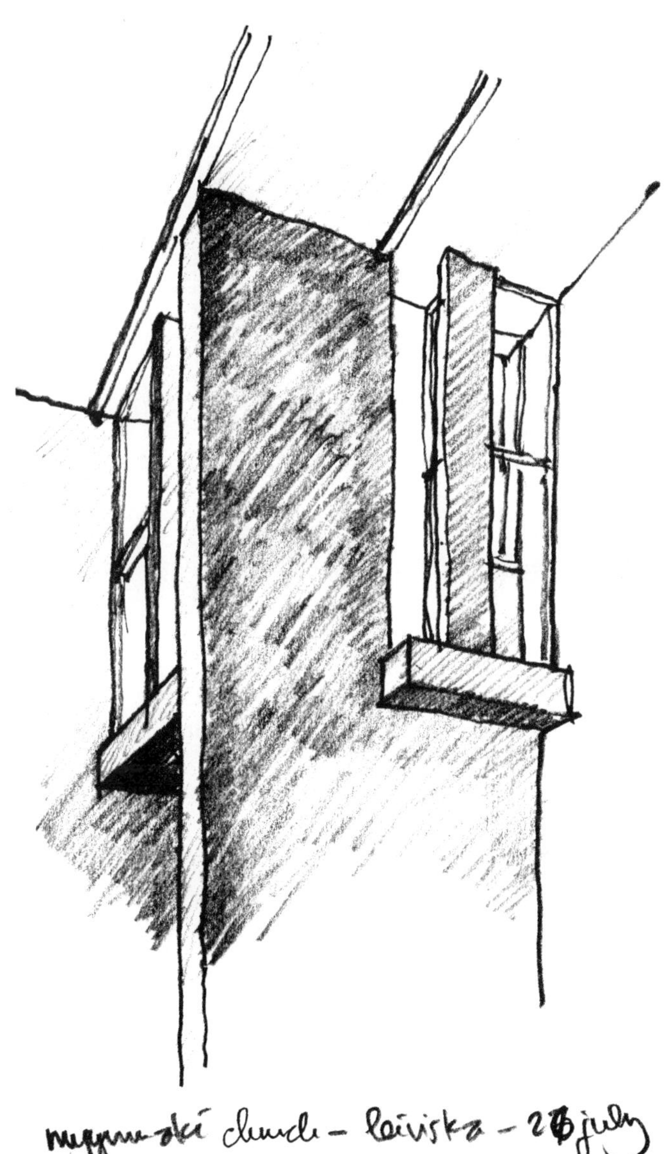

성소의 겹겹이 쌓인 외벽은 빛으로 가득 차 있어서, 외부 공간이 내부로 스며드는 경험을 선사한다.
유하 레이비스카가 설계한 뮈르매치 교회, 핀란드 헬싱키, 벽과 천장이 만나는 높은 창을 통한 내부 모습.
2006년 7월 26일 스케치.

반 데르 란이 '외부에서 벽으로 형성된 건축 공간'이라고 부른 것은 자연 공간의 풍요로움 속에 자리한 비어 있는 공간을 의미한다. 반면에 '경험 공간'은 우리의 신체적 존재에 의해 내부에서 결정되며, 자연 공간의 비어 있음을 둘러싸는 풍부함을 포함한다. 이렇게 내외부의 관계는 솔리드-보이드의 관계로 상호 보완된다.

공간의 형태, 즉 비어 있는 공간(vodi)은 완전히 채워진 벽(solid) 즉, 벽의 형태에 따라 결정됩니다. 공간은 벽의 형태와 밀접한 관계에서 형성되며, 벽이 만들어짐으로써 내부 공간이 형성됩니다.

모레티와 대조적으로, 반 데르 란은 '역동적인' 벽체를 '수동적' 실내 공간보다 중요하게 여긴다. 그는 '우리가 벽을 형성하고, 그 사이에 생기는 내부 공간은 그 형태를 벽에서 빌려야 한다'고 말한다. 내부 공간은 표면에 의해 제한되며, '볼륨의 크기는 경계 표면의 크기로 결정된다.' 반 데르 란은 그의 건축적인 원칙을 개별 방(cell)부터 시작하여 벽으로 둘러싸인 뜰(court, 중간 공간), 그리고 건물(domain) 전체로 확장했다.

뜰(court)은 개별 방(cell)의 외부이자 건물(domain)의 내부입니다. 이런 뜰의 애매모호함은 내, 외부 관계를 통해, 방, 뜰, 건물 세 영역을 하나로 묶어줍니다. 이로 인해 건축의 목표인 큰 내부의 통일성을 이루게 한다.

그는 벽으로 둘러싸인 집합 도시 내에서 '표시된 건물은 형태로 인식되지 않고 오직 내부로 경험된다'고 주장했다.[10] 반 데르 란의 '경험 공간' 개념은 리트벨트, 반 에이크, 비엘 아레츠(Wiel Arets), 스티븐 홀을 포함한 건축가들에게 깊은 영향을 미쳤다. 그의 책이 출판되기 거의 20년 전, 반 데르 란의 개념은 이탈리아의 건축가 카를로 스카르파(Carlo Scarpa)에 의해 이미 표현되었으며, 스카르파는 벽이 공간을 정의하는 방식에 주목했다. '공간의 감각은 화학적 순서, 즉 원근법에 의해 전달되는 것이 아니라 항상 물리적 현상, 즉 물질, 다시 말해 벽의 무게감에 의해 전달된다.'[11] 철학자 하이데거 역시 건축과 거주 공간의 개념을 그 기원으로 되돌리기 위해 노력했다. 특히 그의 1954년 에세이『건축하기, 거주하기, 사유하기(Building Dwelling Thinking)』에서 이를 잘 보여주었다. 그는 인간을 거주하는 존재로 정의하며, '우리는 공간에 거주하면서 공간으로서의 본질을 이해할 수 있다'라고 말했다. 또한, 그는 건축이라는 오래된 독일어 의미인 'Bauen'은 '거주하고, 어느 장소에 머무르는 것'을 의미한다고 주장했으며, 고대 라틴어 단어 'aedificare'는 '경작하다'와 '고양시키다'를 의미한다고 설명했다. 그는 건물이 먼저 장소에 서 있는 것이 아니라, 오히려 건물이 지어진 곳으로부터 장소가 생겨난다고 주장했으며, '이런 방식으로 장소를 가진 건물만이 공간을 가능하게 한다'라고 말했다. 하이데거는 '공간-확장(space-in-extension)'(베르그송의 '외부적이고 확장된' 개념)과 '장소'(베르그송의 '내부적이고 집중된' 개념)라는 두 가지를 중요하게 구분했다. '공간-확장'은 인간의 거주를 허용하지 않지만, '장소'는 거주 공간을 가능하게 한다. 하이데거는 우리가 거주를 통해 공간을 경험할 수 있는 것은 오직

‘장소’뿐이라고 말했다. 건물은 거주 공간을 창조하고 형성하며 연결하는 장소이다. 이런 거주가 발생하는 공간을 정의하기 위해 하이데거는 로스의 라움 플랜에서 독일어 단어 ‘Raum’을 사용했다.

'Raum'이라는 공간의 용어는 고대적인 의미에서 유래합니다. 'Raum'은 정착과 거주를 위해 비어지거나 해방된 장소를 의미합니다. 이는 단순히 비어 있는 공간이 아니라, 특정 경계 안에서 존재하는 공간을 가리킵니다. 그리스어로는 'peras'라고 합니다. 이 경계는 단순히 무엇이 멈추는 지점이 아니라, 오히려 무엇인가가 본질적으로 펼쳐지기 시작하는 곳을 의미합니다. 그리스인들이 이해한 바에 따르면, 경계는 끝이 아니라 시작을 나타냅니다.[12]

현대 건축에서 발견되는 많은 작품들은 내부 공간 경계를 ‘본질적인 펼침(essential unfolding)’으로 정의한다. 이는 공간의 차원적 모호함과 경험적 정확성을 동시에 나타내며, 겹쳐진 경계로 인한 건축적 모호함을 특징으로 한다. 다시 말해, 공간이 어떻게 열리고 확장되며, 다양한 방식으로 경험되고 인식되는지를 설명한다. 이는 공간이 단순히 물리적 경계로 제한되지 않고, 거주자와의 상호작용을 통해 새로운 경험과 인식을 생성하는 것을 의미한다. 라이트는 내부 공간을 정의할 때 여러 경계와 모호한 공간적 층(layer)을 사용하여 독특한 내부 공간을 구성했다. 그는 여러 공간이 서로 겹치고 관통하도록 설계함으로써, 다양한 경계와 모호한 공간의 층을 지닌 공간의 독특한 특성을 만들어냈다. 라이트의 건축에서는 바닥과 천장이 서로 맞물리고, 그 사이에 위치한 독립된 벽들이 내부 공간을 형성하는 데 중요한 역할을 한다. 이러한 내부 공간은 동시에 확장하면서도 다시 모여드는 느낌을 준다. 예를 들어, 집의 중앙에 있는 벽난로에서부터 공간이 바깥으로 펼쳐지며, 벽, 천장, 바닥, 계단이 서로 접히는 구석에서 다시 모여든다. 이 공간은 여러 겹의 경계로 정의되어, 깊이와 넓이가 동시에 확장되지만, 여전히 밀접하고 친밀한 느낌을 준다. 라이트는 이러한 내부 공간을 설계할 때, 공간의 외곽, 벽, 경계가 중심의 정의보다 경험에 있어서 더 중요하다고 주장했다. 그는 '경계를 잘 다루면 중심은 자연스럽게 정리된다'고 말했다.[13]

1966년, 반 에이크는 라이트가 1922년에 디자인한 도쿄 임페리얼 호텔을 방문했다. 그는 이 호텔에서 작은 공간조차도 벽체의 질감과 무게감으로 인해 훨씬 더 넓게 느껴지는 것을 발견했다. 특히, 라이트의 모호하게 경계 지어진 공간으로 인해 '내부 지평선(inner horizon)'*을 형성한다는 것에 주목했다.

공간의 크기보다는 그 공간의 내부 퀄리티가 중요합니다. ……한 층에서 다른 층으로 올라갈 때, 우리는 공간의 지평선과 함께 이동합니다. 이 지평선은 상대적이며, 당신과 당신이 위치한 곳과 밀접하게 관련이 있습니다. 중요한 것은 공간 그

---

* 내부 지평선은 주변 공간과의 경계를 결정 짓는 데 도움을 주는 시각적 경험이다. 건물 내부에서 이동할 때, 주변 환경과의 상대적인 위치를 나타내며, 공간의 경계를 감지하고 이해하는 데 도움을 준다. 이는 건축물 내부에서의 공간적 경험을 조절하고 방향을 제시하는 데 중요한 개념이다.

자체가 아니라, 그 공간의 내부 경험과 지평선입니다.

2년 후, 임페리얼 호텔이 철거 위기에 처했을 때, 반 에이크는 호텔을 보존해야 한다고 주장했다.

일본의 현대 건축물 중에 내부 지평선을 가진 건물은 거의 없습니다. 그러나 임페리얼 호텔은 진정한 내부 지평선을 가지고 있습니다. 그곳에서는 공간에서 공간으로, 층에서 층으로 이동하면서, 내부 지평선을 경험할 수 있습니다. 이 내부 지평선은 모든 곳에서 느낄 수 있습니다. 건축은 내부로 들어가면서 안정감을 주는 것 그 이상의 역할을 할 수 있습니다.[14]

내부 공간에 거주하는 사람들은 겹쳐진 벽들로 둘러싸인 곳에서 무한하면서도 경계가 있는 공간을 경험한다. 이는 라이트와 듀이의 동시대 물리학자 A. S. 에딩턴(A. S. Eddington)이 제시한 무한한 공간의 정의와 유사한 특징을 지닌다. '공간은 크기나 규모에 의해 정의되지 않고, 반복되고 엮이는 모습으로 무한함을 암시합니다.'[15] 라이트는 자신의 겨울 주택이자 스튜디오인 탈리에신 웨스트(Taliesin West)에서, 집의 겹쳐지고 펼쳐지는 외곽의 모호함을 강조하고 보완하기 위해 내부 공간과 외부 중정 사이에 큰 진흙 도기를 배치했다. 이 도기의 내벽으로 형성된 그림자는 거주자에게 그릇이라는 중요한 개념을 상기시키고, 그들을 감싸는 공간의 본질을 떠올리게 한다.

라이트와 마찬가지로, 르코르뷔지에 역시 우리의 삶을 담는 빈 공간, 즉 거주하는 그릇과 같은 내부 공간을 항상 중요하게 여겼다. 그는 말년에 바다 위에 지은 아주 작은 단칸방 오두막인 '프티 카바농(Petit Cabanon, 1952)'을 설계하며 '외부와 지붕 프레임은 내부 공간을 형성하는 것과 아무런 관련이 없습니다'라고 말했다. 이에 대해 로베르토 가르지아니(Roberto Gargiani)와 안나 로셀리니(Anna Rosellini)는 다음과 같이 언급했다.

르코르뷔지에는 외부보다는 주거 공간의 복잡한 기능에 더 집중했으며, 이로 인해 외부는 그저 '껍데기(bag of its skin)'처럼 여겨졌다.[16]

유사하게, 르 코르뷔지에는 롱샹 성당에 있는 노트르담 뒤 오트 예배당(Notre Dame du Haut chapel)의 내부 공간을 내부 벽면을 적극적으로 형성하고 조각하는 방식을 설명하면서, '내부는 또한 '엠보싱'이 있지만 비워져 있다'고 설명했다.[17]

르코르뷔지에는 1948년 저서 『모듈러(The Modulor)』에서 황금 분할(피보나치 수열)을 기반으로 한 비례 체계를 설명하고, 인체를 차원 분할의 기초로 사용하여 모듈러가 어떻게 사용되는지에 대한 네 가지 다이어그램을 보여주었다. 이 다이어그램들은 다음과 같다. 1) 단순한 외관을 규제하는 정면의 규제선, 2) 도시 계획과 건축을 결합한 복잡한 외관의 구성, 3) 나선형 구조를 가진 '끝없는 박물관' 디자인(복잡한 내부), 4) 유니테 다비타시옹 아파트 내부 공간(단순한 내부). 가르지아니와 로셀리니는 네 번째 다이어그램인 내부 공간을 다음과 같이 묘사했다.

더 이상 단단하지 않고 투명한 큐브가 있습니다. 이 큐브는 마치 일본의 모듈식 인테리어처럼 선들로 짜여져 있으며, 때로는 몬드리안(Mondrian)이나 반 되스버그의 작품, 콘크리트 예술(Concrete Art) 작품, 또는 라슬로 모홀리나지(Moholy-Nagy)의 '공간 모듈러(space modulator)'를 연상시킵니다.[18]

르코르뷔지에는 프티 카바농과 밀접하게 연관된 작은 내부 공간을 설명하면서, 바닥, 천장 벽의 표면을 정리하기 위해 모듈러를 사용하는 방법에 대해 다음과 같이 말했다.

모듈러의 사용은 '조직적'이라 부를 수 있는 하나로 통합되는 상태를 만들어냅니다. 이는 자연의 원리와 유사하게 내부에서 외부로 확장되며, 3차원적으로 조화를 이루어 다양한 요소들이 완벽하게 어우러집니다.[19]

그라프톤 아키텍트(Grafton Architects)의 설립자인 아일랜드 건축가 이본 패렐(Yvonne Farrell)과 셸리 맥나마라(Shelley McNamara)는 내부 공간의 경험에서 건축의 본질을 탐구하며, 경계의 벽을 포함하는 두껍고 보호적인 공간을 통한 장소를 만드는 것, 사회적 평면의 논리, 그리고 무엇보다 중요한 것은 땅과 하늘 사이에 위치하는 감정적인 측면에 대해 설명했다. 패렐은 2009년 인터뷰에서 다음과 같이 언급했다.

[스페인 건축가] 알데한드로 델 라 소타(Alejandro de la Sota)는 건축에 대해 조금 이상하게 들릴 수 있는 말을 했습니다. '아무것도 아닌 상태라도 최대한 만들어 내야 한다.' 여기서 '아

무엇도 아닌 상태'는 내부와 외부, 땅과 하늘 사이의 공간을 의미합니다. 이 공간에는 빛과 공기 그리고 볼륨이 포함되어 있고, 우리가 서 있는 바로 그 공간입니다.

건축 재료는 '아무것(nothing)'의 반대라 할 수 있습니다. 우리는 '아무것'에 관심을 갖고 있습니다. 그것은 공간, 볼륨, 장소를 의미합니다. 실제로 투명함은 '아무것'의 여러 층이 겹쳐진 것입니다. 결국 '아무것'은 '무엇인가'가 되는 것이죠.[20]

교실 외부 복도는 건물 외벽에서 중앙 안뜰로 돌출된 넓은 계단에서 모여 얽히며,
우연한 만남과 계획되지 않은 교류를 유도한다.
루이스 칸이 설계한 인도 아마다바드의 인도 경영 연구소.
교실 복도의 계단 참 내부 모습: 1984년 3월 29일 스케치.

여섯. 공간들의 사회와 만남의 장소

라이트가 근대 건축의 핵심 개념으로 '공간 안에서'를 재정립한 후, 라이트, 로스, 르코르뷔지에만의 고유한 세 가지 평면도 유형은 내부 공간의 구성 방식에서 각각 독창적인 발전을 이뤄냈다. 이들이 제시한 공간의 구성원리는 근대 건축의 다양한 접근 방식을 풍부하게 했고, 그 통찰은 이후 세대 건축가들에게도 큰 영향을 미쳤다. 그중에서도 칸은 2세대 근대 건축가로서 이러한 통찰을 가장 효과적이고 창의적으로 계승한 인물로 평가된다. 칸은 '방이 건축의 시작이다'라는 유명한 말을 통해 건축에서 각 방의 독립성과 중요성을 강조했다. 그는 자신의 디자인 개념을 '공간들의 사회로서의 평면'으로 발전시켰다. 이는 건축이 단순히 독립된 방들의 집합이 아니라, 서로 상호작용하고 연결된 하나의 사회적 구조로 이해될 수 있음을 의미한다. 칸의 공간에 대한 재정의는 각 방이 개별적인 특성과 고유한 목적을 지닌 자율적인 공간으로 존재해야 한다는 인식에서 시작되었다. 이러한 독립적인 방들의 정체성을 먼저 확립한 후, 칸은 이 방들을 집단적이고 사회적인 사회구조로 조직해 평면도를 재구성했다.

건축을 생각할 때, 나에게 가장 영감을 주는 출발점은 방입니다……. 단순한 방. 건축은 이 방에서부터 시작됩니다. 나는 평면을 공간들의 모임이라고 봅니다. 마치 공간들이 사회를 구성하고 있는 것처럼요. 진정한 평면이란 방들이 서로 대화하는 것입니다……. 학교를 설계할 때도 마찬가지입니다. 학교의 형태는 그 안에 있는 다양한 방들이 어떻게 서로 대화하고, 그 방들이 어떻게 서로를 보완하는지에 달려 있습니다. 그 대화를 통해 환경이 풍요로워지고, 학생들이 '배우기에 좋은 장소'가 만들어집니다. 방들은 서로를 이해하고, 함께 작동하며, 그 본질을 드러내는 공간입니다.[1]

칸은 각 방이 특정 활동에 적합한 고유한 장소가 되기 위해 각각 저마다 고유한 빛과 구조를 가져야 한다고 믿었다. 그는 이를 '포용의 시작'[2]이라고 표현했으며, 각 방은 명확하게 구분되고 인식될 수 있는 공간적 경계를 가져야 한다고 보았다. 이를 통해 각 방은 공간들의 사회에서 하나의 '존재'로서의 개별성, 독립성, 정체성을 지닌 결과를 가져온다. 칸은 '방의 본질은 그 자체로 완전한 특징을 지니는 것'이라고 말했다.[3] 이처럼 방은 자율적으로 정의되고, 자율적으로 중심을 이루며, 자율적으로 스스로를 지탱하는 형태를 가져야 한다는 것이다. 이러한 독립된 방들은 더 큰 평면 안에서 각각 개별적인 특성을 가진 독립된 볼륨으로 배치되고 조합되었다. 이러한 이유로 칸은 사람들이 기둥 그리드로 구성된 '경계가 없는 공간'에서 진정으로 편안하게 거주할 수 없다고 믿었으며, 공간들의 사회로서의 평면은 각 방마다 고유한 공간, 구조, 빛을 가져야 한다고 보았다.

각 방은 자신만의 고유한 특성을 지니고 있습니다. 그 미묘한 차이들은 각 방을 하나의 독립적인 존재로 드러내고, 마치 사람들이 각기 다른 개성을 가진 이들과 만나는 것처럼 방들도 그 안에서 스스로를 표현합니다. 이 방들은 서로 연결되며, 하나의 공간들의 사회를 이루지만, 그 안에 사는 사람들에게 각기 다른 경험을 선사합니다. 무한히 열려 있는 공간과는 다르게, 그 방 안에서 만나는 사람들은 그 공간이 가진 고유한 특성 덕분에 더 깊고 독특한 경험을 하게 되는 것입니다.[4]

칸은 건축을 단순히 정해진 용도나 '기능'에 맞춰 설계하는 것에 반대했다. 그는 건축을 '기능'이라는 미리 정해진 틀에 갇히지 않고, 방 안에서 일어나는 인간 행위를 시적으로 해석한 근본적인 결과물로 재정의했다. 그는 각 활동을 담을 수 있는 독립적인 고유한 장소로서의 방을 만드는 데 중점을 두었으며, 이러한 '방들의 조합을 통해 사람들이 배우기 좋고, 일하기 좋고, 살기 좋은 공간을 만들어야 한다고 강조했다.[5] 그는 근대 건축에서 흔히 쓰이는 '형태는 기능을 따른다'는 개념을 거부하고, 건축을 기계적이고 무감각하게 설계하는 방식을 반대했다. 대신에 '건축은 공간을 신중하게 만드는 것'이라고 주장하며,[6] 공간이 단순히 '물리적으로 기능하는 것'이 아니라, '심리적으로 기능하는 것'이라고 믿었다.[7] 칸은 건축 설계가 단순히 기능적인 요구를 충족하는 것을 넘어 인간 경험과 사회적 상호작용의 모든 측면을 고려해야 한다고 주장했다. 즉, 건축물은 그 안에서 일어나는 일상을 더욱 풍요롭고 의미 있게 만들어야 하며, 그 활동을 더 깊고 고귀하게 만들어야 한다고 주장했다.

칸은 건축이 사람들에게 고귀한 감정을 불러일으키는 공간을 제공해야 한다고 주장했습니다. 카라칼라 욕탕(Baths of Caracalla)을 보면, ……8피트 높이의 천장 아래에서나 150피트 천장 아래에서나 똑같이 목욕을 즐길 수 있다는 것을 알 수 있습니다. 하지만 나는 150피트 높이의 천장이 사람들에게 보다 다양한 감정을 불러일으키는 어떠한 힘이 있다고 믿습니다.[8]

칸은 실내 공간에서의 풍요로움이 그 안에서 펼쳐지는 삶의 질을 직접적으로 결정한다고 믿었다. 칸은 이를 학생들에게 '문명의 수준은 천장의 모양과 높이에 의해 측정된다'는 말로 자주 표현하곤 했다.[9]

1959년 생물학자 조너스 소크(Jonas Salk)가 칸에게 소크 생물학연구소(Salk Institute for Biological Studies) 설계를 의뢰했을 때, 구체적인 공간 배치보다는 화가 파블로 피카소(Pablo Picasso)와 같은 인물들이 과학자들과 함께 교류할 수 있는 장소를 설계해 달라는 추상적인 요청을 했다. 이러한 요구는 칸에게 깊은 영감을 주었고, 그는 '모든 건축가의 의무는 프로그램을 수용하는 것이 아니라 공간을 생각하는 것'이라는 철학을 더욱 확고히 하도록 했다. 칸은 건축을 '클라이언트가 제시한 면적을 단순히 채우는 것이 아니라 그 안에 일어날 경험을 떠올릴 수 있는 공간을 만드는 것'이라고 주장했다.[10] 그는 '복도를 갤러리로, 로비를 입구 공간으로 바꿔야 한다'고 말하며, 공간은 단순히 통과하는 곳이 아니라 사람들이 머물며 영감을 받는 장소가 되어야 한다고 강조했다. 칸은 건물이 사전에 결정된 유형과 기능적 프로그램에 따라 설계될 때, 그 공간은 디자인 측면에서 영감을 주지 못하고, 그 공간을 사용하는 사람들에게도 영감을 주지 못한다고 지적했다. 대신에 그는 내부 공간은 인간 행위에 대한 시적인 이해를 바탕으로 영감을 주는 방식으로 설계되어야 한다고 주장했다.[11] 칸은 '나는 공간을 하나의 가능성으로 만들고, 그것이 무엇을 위해 사용될지는 지정하지 않습니다. 사용은 영감을 통해 스스로 찾아야 합니다'라고 말하며, 공간 설계가 단순히 프로그램 요구 사항을 충족시키는 것을 넘어 사람들에게 영감을 줄 수 있어야 한다고 말했다. 그는 기숙사의 입구 로비를 예로 들며 다음과 같이 말했다.

> 나는 단순히 입구를 만든 것이 아니라 사람들이 모이고, 이야기를 나누며, 서로를 만나게 되는 장소를 만들었습니다. ……
> 내가 한 일은 입구를 단순히 통과하는 공간을 넘어, 식당이나 거실만큼 중요한 공간으로 만든 것이었습니다. 이 공간은 평면도에서 중심적인 요소가 되어 단순한 통로가 아닌, 사람들이 만나는 장소가 되었습니다.[12]

칸은 건축물에서 가장 중요한 공간이 종종 건축가들에게 주어진 공식적인 공간 프로그램에 포함되지 않는다고 믿었고, 이를 위해 건축가가 주장해야 할 책임이 있다고 믿었다. 그는 이 공간을 '이름 없는 방(room with no name)'이라고 불렀다.[13] 칸의 소크 연구소에서 그 중요한 공간은 두 실험실 건물 사이에 위치한 중앙 안뜰이다. 이 안뜰은 조경 건축가 루이스 바라간(Luis Barragán)이 '하늘을 향한 파사드'라고 부른,[14] 석회암으로 포장된 넓은 공간으로, 직선형 수로가 석양과 일직선으로 배치되어 있으며, 벽은 바다와 지평선을 바라볼 수 있는 전망이다. 이 공간은 공식적인 공간 프로그램이 아니었지만, 연구소의 가장 중요한 공간이자 지금까지 지어진 곳 중 가장 강력하고 깊은 감동을 주는 공간 중 하나로 평가받는다. 마찬가지로 칸의 엑서터 도서관(Exeter Library)(1965-72)의 중앙 현관 홀은 '이름 없는 방'의 또 다른 예시이다. 이 공간은 건물의 모든 층을 아우르는 높이로 상부에서 빛이 내려오고, 네 면의 벽에 있는 책장이 커다란 원형 개구부로 드러나 있다. 도서관의 목적을 기념하며, 이 공간은 원래 계획에는 없었으나, 건물의 영혼을 형성하는 중요한 공간이 되었다. 칸은 이 공간을 통해 르코르뷔지에의 영향을 받아 구체화한 자신의 이상을 실현했다. 그는 이를 두고 '영광스러운 하나의 중앙 공간, 그 벽과 그 빛은 고요히 내려오는 빛과 함께 어우러지며 공간의 고요함과 신비를 만들어 낸다'[15]라고 말했다.

칸은 건축이 계획된 특정 용도와 기능을 수용하는 것 외에도, 각 방들이 공간들의 사회로서 구성되어 계획되지 않은 만남과 우연한 교류를 위한 장소를 만들어야 한다고 주장했다. 칸은 이러한 만남이 사회적 상호작용과 개인 간의 영감을 위해 필수적이라고 생각했다.

우리에게 필요한 프로그램적 공간들은 질서 있는 관계를 가

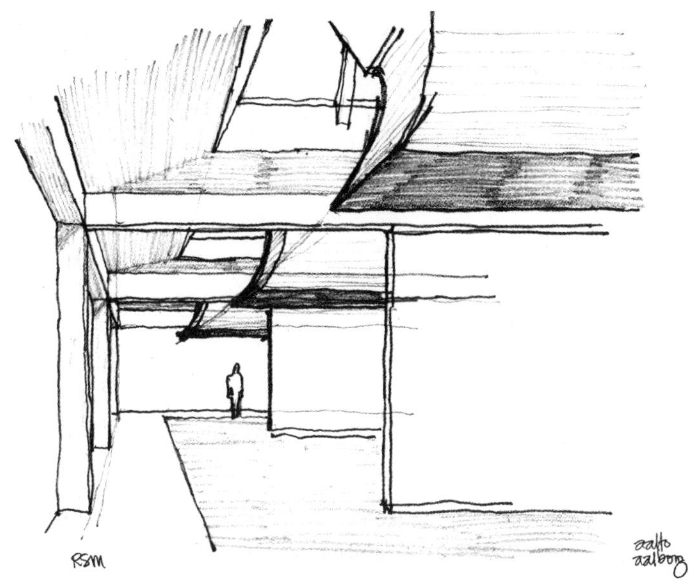

평행하게 배열된 갤러리들은 자연광으로 가득 찬 경로를 따라 관람객을 초대하며, 공간 속 여러 교차점과 문턱들은 마치 서로 대화하는 듯한 공간들의 사회를 형성한다. 알토가 설계한 쿤스튼 올보르 현대 미술관, 덴마크.
천창과 매달린 쉘로 구성된 갤러리 내부.
1983년 9월 27일 스케치.

질 수 있지만, 이러한 것들은 일종의 배경 역할을 합니다. 그것들은 마치 서로 연관된 공간의 세계 안에서 그 안에 작은 세계들이 나타나도록 돕는 조력자들처럼 존재합니다.[16]

칸은 건축가가 건축 공간에서 사회적 행동 패턴을 완벽하게 결정하거나 예측할 수 있다는 생각에 동의하지 않았다. 그는 '우리는 개인이 어떻게 다른 사람들과 만나며, 그 만남을 통해 어떤 방식으로 완전히 예측할 수 없는 일이 일어날지 전혀 알 수 없습니다'[17]라고 말했다. 대신 칸은 평면도를 방들의 모임으로 보았으며, 이 방들이 서로 관계를 맺고, 그 안에서 계획되지 않은 우연한 만남을 위한 장소를 제공해야 한다고 믿었다.

칸은 건축의 핵심은 단순히 개별 공간들이 아니라, 그 공간들이 어떻게 연결되어 상호작용하는지에 있다고 믿었다. 그는 '출입구, 그곳에서 뻗어 나가는 갤러리, 그리고 다양한 기능의 공간들로 이어지는 아늑한 입구'가 공간들의 사회를 형성한다고 주장하며, 이들이 하나의 독립적인 연결 구조를 형성한다'고 설명했다.[18] 이러한 연결 구조는 단순한 통행 공간을 넘어서, 문턱, 로비, 현관, 복도, 아케이드, 교차로, 포치, 계단 등과 같은 이동의 공간들로 구성되며, 칸은 이들을 건물의 경험적 '사건'[19]이라 불렀다. 그는 이러한 공간들이 사람들 간의 자연스러운 사회화와 예상치 못한 우연한 만남을 만들어낸다고 믿었다. 칸은 이러한 연결 공간들이 건물의 주요 기능적 공간만큼이나 중요한 역할을 하며, 건물의 전반적인 경험을 결정짓는 요소라고 강조했다. 그는 '기관은 출입구, 갤러리 동선, 다양한 공간으로 이어지는 연결 지점에 의해 진정으로 영감을 받는 장소가 되며, 이것이 바로 건축가가 염두에 두어야 할 기준이다'라고 말하며, 이러한 연결 공간이 건축의 본질적 경험을 형성한다고 보았다.[20]

칸의 공간들의 사회라는 평면 개념을 특히 잘 보여주는 대표적인 예로는 인도 아마다바드에 위치한 인도 경영 연구소 (Indian Institute of Management)(1962-74)의 교실 설계를 들 수 있다. 이 교실들은 건물 중앙에 있는 안뜰 가장자리를 따라 배치되었고, 넓은 아케이드 복도와 겹쳐지는 입구 로비를 통해 연결되어 있다. 특히 주목할 점은 이 로비가 강의실과 동일한 크기를 가지고 있으며, 이를 통해 더 나은 채광과 환기가 가능하다는 것이다. 이는 칸의 설계 신념에서 비롯되었다.

칸은 연구소를 설계할 때, 그저 계산된 평방피트로 학생당 공간을 할당하는 것 이상의 비전을 가지고 있었습니다. 그는 로비를 마치 고대의 판테온과 같이 넓고 웅장한 공간으로 만들었습니다. 이 복도 공간은 단순히 학생들이 교실로 들어가기 위한 통로가 아니라, 그 자체로 의미 있는 학습의 장소가 되기를 바랐습니다. 이러한 넓은 공간들에 학생들이 자연스럽게 모여들어 교수의 가르침을 동료 학생과 토론하고, 스스로 학습의 기회를 만들어내는 [장소]가 될 수 있다고 믿었습니다.[21]

사회학자 게일 새틀러(Gail Satler)는 저서 『프랭크 로이드 라이트의 생동하는 공간((Frank Lloyd Wright's Living Space)』에서 사회학과 건축 역사에서 흔히 고립된 관점들이 라이트의 내부 공간의 본질적인 사회적 구조를 인식하는 데 실패했다고 주장하였다. 라이트는 '건축이란 삶을 표현하는 것, 즉 삶을 품은 공간'이라고 이해했으며, 새틀러는 이것이 '일상 생활의 현실에 뿌리를 둔 관점에서만 실현될 수 있다'고 주장했다. 이는 외부적인 시선에서 집단적 경험을 분석하기보다 내부에서 그 삶을 직접 보고 참여하며 이해하는 것을 의미한다.' 새틀러는 '라이트의 건축에 내재된 개념이 '공간은 단순한 물리적인 장소 이상의 의미를 지니며, 강렬하고 본질적으로 사회적이다'라고 주장한다. 그녀는 '라이트의 생활 공간' 개념을 정의하며 다음과 같이 언급했다. '공간에 생명력을 불어넣는 것은 오직 사람들이 그 공간을 사용하고 경험함으로써만 존재하는 건물의 본질적인 모습이다.' 새틀러는 라이트의 작품이 그 안에 사는 사람들이 주체가 되어 자신만의 입장을 취하고 자신만의 삶의 방향을 결정할 수 있는 장소로 경험된다고 주장한다. '살아야 할 내부 공간'은 그저 개별적인 삶의 공간이 아니라 더 큰 포용, 상호작용, 사회성을 가능하게 하는 장소로 우리를 안내한다. 그녀는 다음과 같이 말했다.

> 실질적인 측면에서 건축은 모든 것을 의미하며, 이는 사람들의 필요와 욕망, 그리고 그들이 그 공간 안에서 변하는 위치에 따라 끊임없이 재정의됩니다. 이것이 바로 라이트가 진정으로 추구하고자 했고, 그가 디자인한 건물에 거주하는 거주자들에게 전달하고자 했던 자유와 안식처의 느낌입니다.[22]

새틀러에 따르면, 라이트의 설계에서 중요한 사회적 개념은 공간의 '둘러싸임(enclosure)'을 어떻게 경험적 '안식처(shelter)'로 전환하는지이다. 새틀러는 라이트가 설계한 내부 공간에서 본질적인 지평선의 역할이 이러한 전환과 깊이 연관되어 있다고 주장했다.

> 라이트가 창조한 것은 필요한 것들을 담기에 충분한 무한한 잠재력을 갖고 있는 장소였습니다. 그 공간의 한계는 사람들에 의해 설정됩니다. 수평적 구조에서는 다양한 요소들이 서로 상호작용하고 공존하며, 그 과정에서 해결책이 나옵니다. 이는 한 가지 관점을 강요하는 것이 아니라, 다양한 요소들이 유기적으로 상호작용하면서 해결책을 이끌어내는 방식입니다.[23]

새틀러는 라이트의 수평적 구조에서 발견되는 무한한 잠재력과 사회적 상호작용을, 수직적 구조와 관련된 한계와 사회적 위계와 대조했다. 이러한 대조는 라이트가 1904년 완공한 뉴욕 버펄로의 라킨 빌딩에서 특히 두드러진다. 비록 라킨 빌딩이 여러 층으로 이루어진 오피스 빌딩임에도 불구하고, 라이트는 여전히 새틀러가 묘사한 수평적이고 넓은 공간을 중심으로 구성하여 사람들에게 안식처와 자유로운 이동의 느낌을 제공했다. 건물 내부는 집단적 경험을 강조했으며, 그 중심에는 위계적인 공간 구조보다는 넓고 개방된 수직 아트리움이 자리잡고 있었다. 이 설계는 사무실 내에서 상하 관계를 강요하는 대신, 중간층에 위치한 사무직 직원들이 1층에 자리한 임원들을 내려다볼 수 있는 구조로 배치되었다. 일반적으로 사무실 건물에서 최상층은 임원들이 사용하는 공간으로 구성하지만, 라킨 빌딩에서는 직원 식당이 그 자리를 차지하고 있었다. 라이트는 이 공간에서 직원들과 임원들이 평등하게 식사할 수 있도록 설계했다. 테이블의 좁은 쪽 끝에 기둥을 세워 임원을 포함한 그 누구도 테이블의 '상석'에 앉을 수 없도록 한 것은, 회사의 집단적 태도를 강조하고, 수직적 위계에서 벗어나 더 평등한 공간을 만들려는 의도를 보여준다.

라이트의 설계 방식은 사람들이 그의 공간 안에서 어떻게 움직이고 상호작용하는지 정교하게 조율한 것으로 유명하다. 이러한 특징은 건축 비평가이자 역사가인 로빈 에반스(Robin Evans)가 1978년 에세이 『인물, 문, 그리고 통로(Figures, Doors and Passages)』에서 정의한 에로틱 공간 개념을 가장 적절하게 보여준다. 에반스는 '공간과 그 안의 사람들(The Plan and its Occupants)'이라는 제목의 섹션으로 에세이를 시작하며 다음과 같이 언급하였다.

> 건축 평면도가 무언가를 설명하는 것이라면, 그것은 인간 관계의 본질입니다. 평면도가 기록하는 벽, 문, 창문, 계단과 같은 요소들은 먼저 공간을 분할하고, 그 후 선택적으로 거주 공간을 다시 연결하는 데 사용되기 때문입니다.[24]

에반스는 르네상스 이후 건축 역사를 공간에서 사람들 간의 만남을 어떻게 장려하고 초대할 것인지, 또 그 만남을 어떻게 방해하고 제한할 것인지에 대한 방식에 따라 재해석했다. 즉, 사람들이 내부 공간을 어떻게 점유하는 지에 대한 다양한 방식이 발전해 온 과정을 설명했다.

에반스는 지난 200년 동안의 건축에서 방들이 여러 문을 통해 연결되었던 방식에 주목했다. 그 중 하나가 '앙필라드(enfilade)' 배열이다. 이 방식은 방들이 실에 꿴 구슬처럼 연결된 형태로 일직선으로 배열되어 방에서 다른 방으로 이동하기 위해서는 반드시 여러 방을 통과해야 했다. 이 구조는 거주자들이 각 방을 지나며 서로 자연스럽게 마주치고 상호작용할 수 있는 기회를 제공하며, '친밀함, 근접성, 사건'을 '선호'했음을 보여준다. 여기서 '사건'은 칸이 말한 '계획되지 않은 우연한 만남'을 의미한다. 에반스는 이러한 평면이 어떻게 공간에서 사람들을 자연스럽게 끌어당기고 만남을 유도하는지 주목했다. 이 평면은 '욕망 외에는 다른 이유 없이 사람들을 서로 만나게 하고, 마치 육체적인 매력을 시각적으로 드러내는 방식'으로 공간을 설계한 것이다. 반면, 약 200년 전부터 등장한 평면도는 방들을 복도를 통해 연결하는 방식으로 변모했다. 이 새로운 설계에서는 각 방이 하나의 문을 통해 복도로 연결되며, 사람들은 방 사이를 복도를 거쳐 이동하는 형태를 취했다. 이로 인해 방들은 개별적이고 독립된 공간으로서 역할을 하며, 사람들 간의 만남을 줄이고 공간의 사적이고 고립된 성격을 더욱 강조했다.

이제 더 이상 여러 방을 통과할 필요가 없어졌습니다. 이는 그 방이 가지고 있을지도 모르는 온갖 우연한 만남이나 사건들로부터 벗어날 수 있게 되었다는 의미입니다. 이제 어떤 방의 문을 열면, 당신을 바로 인접한 방뿐만 아니라 집의 가장 멀리 떨어진 공간까지도 직접 연결되는 복도의 네트워크로 안내합니다. 이러한 복도는 멀리 떨어진 방을 더 가깝게 만들었지만, 가까이에 있는 방들과의 자연스러운 연결은 끊어버렸습니다. 소통이 더 편리해졌지만, 아이러니하게도 복도를 통해 사람들 간의 직접적인 만남과 연결은 줄어들게 된 것입니다.

에반스에 따르면, 이러한 경향은 1928년 알렉산더 클라인(Alexander Klein)의 시범 주택인 '마찰 없는 생활을 위한 기능적 주택'에서 절정에 달했다. 에반스는 이 주택에서 거주자들의 '동선이 문자 그대로 결코 교차하지 않는다'고 언급했다. 클라인이 설계한 초기 근대식 시범 주택 모델에 붙인 이름에는 '모든 우연한 만남이 마찰을 일으켜 가정이라는 기계의 원활한 작동을 위협한다'는 의미가 담겨 있다.[25] 이는 주택을 효율적이고 기능적으로 설계했지만, 가족 구성원 간의 예상치 못한 상호작용이나 만남을 '마찰'로 간주하게 되었다.

에반스는 최근 발전한 복도와 단일 출입문을 가진 방들로 구성된 평면도가 기능적 분리와 개인의 프라이버시를 강조한다고 결론지었다. 그는 이를 '육체를 혐오스럽게 여기고, 신체를 단지 마음의 영혼의 그릇으로 보는 사회, 그리고 개인적인 프라이버시가 중시되는 사회에 적합한 복도 계획'이라고 설명했다. 그는 이러한 유형의 평면도가 '경험의 지평을 제한한다'고 지적하며, 고대와 근대 모두에서 볼 수 있는 평면도와 대조된다고 설명했다. 이러한 평면도는 서로 연결된 방들의 가족적인 관계를 특징으로 하며, 방들은 서로 열려 있어 사람들 간의 우연한 만남과 다양한 경험을 자연스럽게 이루어질 수 있게 한다.

서로 연결된 방들의 구조는 신체적인 접촉을 중시하고, 신체를 곧 그 사람 본질로 인식하며, 사교적인 활동이 습관화된 사회에 적합합니다.

에반스는 지난 200년 동안 복도형 평면도가 점점 더 주류를 이루게 된 경향이 있었음을 발견했지만, 이와는 반대로 만남의 장소를 만드는 반대 유형의 평면도도 존재한다고 언급했다. 대표적인 예로는 르코르뷔지에의 '자유로운 평면', 로스의 '라움 플랜', 라이트의 '우븐 플랜'이 있다. 라이트는 1900년에 설계한 다나 하우스(Dana House)에서 복도를 만들지 않고, 주 침실을 포함한 모든 방에 하나 이상의 문을 두었다. 그 결과, 방에서 다른 방으로 이동하려면 반드시 다른 방을 통과하도록 디자인했다.

이는 방들이 서로 개방되어 연속적인 흐름을 형성하며 하나의
공간에서 다른 공간으로의 자연스러운 이동을 가능하게 했다.
에반스는 이러한 종류의 평면도를 다음과 같이 묘사하였다.

사람과 다른 사람들을 끌어당기는 깊은 매력을 불러일으키
는 건축, 열정과 육체성 그리고 사회성을 인정하는 건축. 서
로 연결된 방의 구조는 이러한 건축물의 본질적인 특징입니
다.[26]

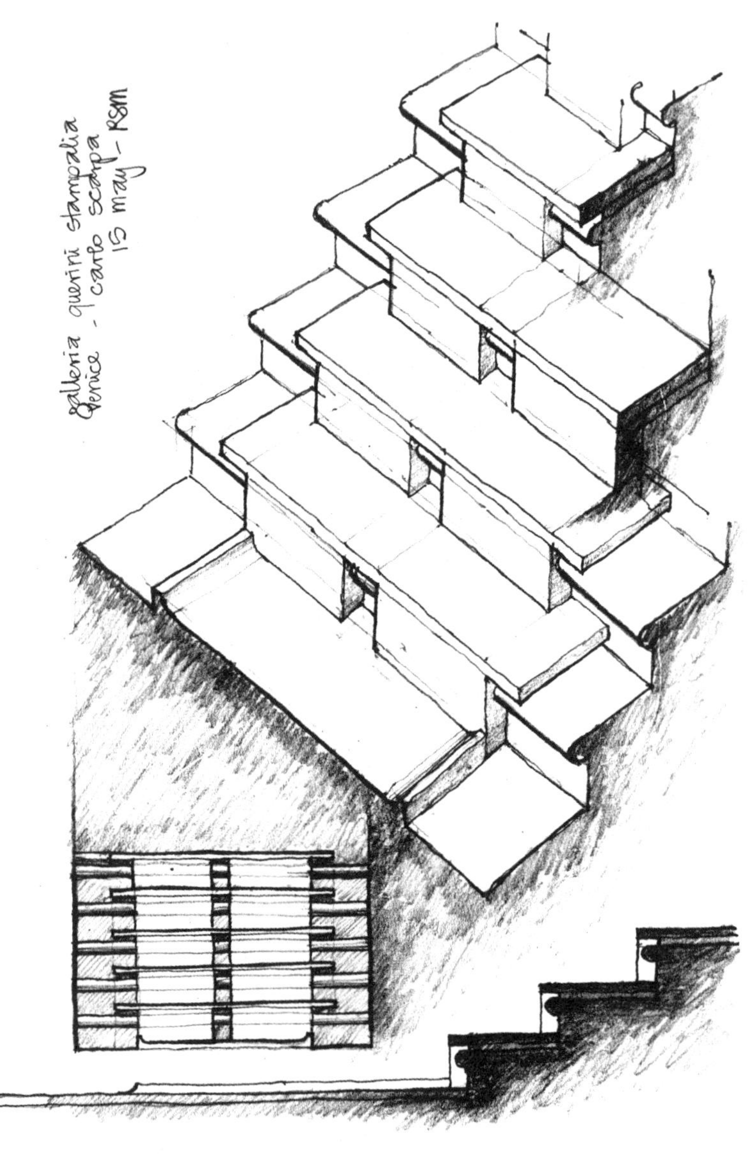

오래된 계단 위에 새로 새겨진 계단 디딤판은 거주자들에게 시간과 공간이 겹겹이 쌓이는 경험을 선사한다. 카를로 스카르파가 설계한 퀘리니 스탐팔리아 재단, 이탈리아 베네치아. 도서관으로 이어지는 내부 계단. 1984년 05월 15일 스케치.

일곱. 친밀함과 광대함을 지닌 중첩된 장소

둥지처럼 여러 공간이 겹쳐진 방의 내부는 친밀함과 광대함이 교차하며 촉각을 통해 우리를 지면 가까이 끌어당기는 동시에 먼 우주와 연결한다. 화가 안토넬로 다 메시나(Antonello da Messina)의 그림인 〈서재에 있는 성 제롬(Saint Jerome in his Study)〉은 이 느낌을 잘 담아낸다. 성 제롬은 높은 나무 책상에 앉아 손길 닿는 곳마다 책과 익숙한 물건들이 놓여 있는 친밀한 공간에 둘러싸여 있다. 이 작은 방은 이중의 나무 벽으로 이루어져 있어 손에 닿으면 따뜻하고 보호받는 느낌을 주는 동시에, 차가운 석조 벽으로 둘러싸인 더 큰 공간 안에 자리한다. 이 공간은 차갑고 단단하며 만지기에 불편하다. 이 석조 공간은 성소의 여러 구역 중 하나로, 각각의 영역이 엄숙하게 구분되어 있다. 전체 공간은 작은 빌트인 가구에서부터 장대한 수도원의 석조 아치형 천장에 이르기까지 다양한 규모로 구성되며, 그 모든 요소들이 사용자의 내부 경험을 반영하도록 정교하게 조정되고 배치되었다. 이는 성 제롬의 서재에서 일어나는 그의 고요한 몰입과 완벽히 조화를 이루도록 설계된 것이다. 이러한 공간 구성이야말로, 내부 공간에서 친밀함과 광대함이 어떻게 공존할 수 있는지를 보여주는 상징적 예시라 할 수 있다.

지난 50년간 건축가들과 비평가들에게 깊은 영향을 끼친 프랑스 철학자 가스통 바슐라르(Gaston Bachelard)의 저서『공간의 시학(The Poetics of Space)』에서는 공간과 거주의 의미를 새로운 시각으로 탐구한다.[1] 바슐라르는 내부 공간에서의 거주 경험, 그 내부 공간에서의 친밀함과 광대함이 어떻게 구현되는지 연구했다. 특히, 인간의 몸이 실내 공간 경험에서 차지하는 중요성을 강조했다. 그는 '몸을 웅크리는 것은 "거주하다"라는 동사의 본질에 속하며, 이를 배운 사람만이 실내 공간에서 진정한 의미의 "거주"를 할 수 있다'고 주장했다. 바슐라르에게 있어 집은 '친밀한 내부의 가치를 탐구'하는 최적의 대상이며, 거주의 의미에 관해 논의한 현대 철학가들(분명히 하이데거를 지칭하면서도 바슐라르는 그의 이름을 명시하지 않음)의 해석이 잘못되었다고 비판했다. 그는 '일부 성급한 형이상학이 주장하는 것처럼, 인간이 세상에 던져지기 전에, 집이라는 요람에 머물고 있었다'라고 설명했다. 또한 그는 벤야민이 말하는 '산만한 경험'과는 반대로 집의 내부 공간이 반복적으로 우리 안에 새겨지는 장소라고 주장했다. 바슐라르는 '습관이라는 단어는 우리 몸과 집이 맺는 열정적인 관계를 표현하기에 지나치게 진부하다'며, 거주 공간이 우리 존재의 중심에 새겨진 생생한 체험임을 강조한다.[2]

바슐라르는 집의 시적 경험을 다루며 두 가지 주요 개념을 중심으로 설명한다. 하나는 '지하실과 다락방의 대조로 '공중과 지상 사이의 극적인 긴장감'을 드러내는 수직성이고, 다른 하나는 '집 자체로 완전한 하나의 세계'로 느껴지는 중심성이다.[3] 그는 지하실에서 다락방으로의 이동을 통해 집이라는 전형적인 내부 공간과 장소가 어떻게 우리의 꿈과 생각을 지탱하고 형성하는지 탐구한다. 바슐라르에게 있어 '오두막의 의미'는 어린 시절의 집과 그 공간에 대한 기억이 우리와 평생 함께 한다는 데 있으며, 이 기억들은 이후 우리가 살게 될 모든 다른 공간을 평가하는 기준이 된다. 집의 공간에 대한 우리의 기억은 우리의 끊임없이 변하는 기분에 따라 변화한다. 이는 조르지스 스피리다키(Georges spyridaki)가 자신의 집에서 느낀 친밀함과 광대함의 감각을 묘사한 경험에서도 드러난다.

> 우리 집은 투명하지만 유리로 만들어진 것은 아닙니다……. 그 벽은 마치 나의 마음에 따라 움직이듯, 내가 원하는 대로 수축하고 팽창합니다. 때로는 이 벽이 내게 가까이 다가와, 나를 둘러싼 갑옷처럼 단단하게 감싸줍니다……. 그러나 다른 때에는 벽이 조용히 물러나, 그들만의 공간 속에서 꽃을 피우듯 무한히 펼쳐지기도 합니다.[4]

바슐라르는 내부 공간에 친밀함과 광대함이 동시에 존재하게 될 때, 집이 우주를 담고 있는 동시에 그 자체로도 우주가 될 수 있다고 언급했다. 그는 서랍, 상자, 옷장 등 다양한 가구들이 만들어내는 친밀한 공간에 주목하며, 우리가 이 공간들과 맺는 감성적이고 시적인 반응을 탐구한다. 바슐라르는 '경험된 집은 단순한 상자가 아니다. 사람이 거주하는 공간은 실제 머무는 공

간의 규격, 그 이상의 것이며 기하학적 공간을 초월하게 된다'라
고 말한다. 내부 공간에 거주할 때, '매우 역설적이게도, 입방체
의 차원조차 더 이상 의미가 없어지는데, 그 이유는 친밀함이라
는 새로운 차원이 막 열렸기 때문이다.' 이 새로운 차원은 거주
자의 마음속에서 무한히 펼쳐질 수 있으며, 이러한 친밀함은 내
부에서 비롯된 것이다. 바슐라르의 친밀함의 정의는 본질적으로
내부 환경임을 나타내며, 이는 '외부와 친밀함'이라는 이분법적
인 결합을 통해 나타난다. 즉, 친밀함은 내면에만 머무르는 것이
아니라 외부 세계와의 연결을 통해 형성되며, 이 상호작용 속에
서 깊은 의미를 갖게 되는 것이다. 또한 그는 거주 경험을 깊이
이해하려는 사람들에게 '외부의 아름다움에 매료되어서는 안 된
다'라고 경고한다. 왜냐하면 외부의 아름다움은 시선을 끌어 관
심을 외부로만 향하게 하고, 고요하고 친밀한 명상을 외면하고
방해하기 때문이다.[5]

바슐라르는 빅토르 위고(Victor Hugo)가 『파리의 노트르담
(Notre-Dame de Paris)』에서 콰시모도(Quasimodo)가 성당을 어떤 의미
로 여겼는지를 묘사한 부분을 떠올리며 이렇게 말했다.

성당은 알이자 둥지, 집이자 나라, 더 나아가 작은 우주를 상
징합니다. 마치 달팽이가 껍데기 속에서 자신의 몸을 만들어
가듯, 콰시모도도 성당의 형태와 하나가 되어 갔습니다. 성당
은 그에게 단순한 거처를 넘어 안전한 요새였고, 울타리였습
니다……. 그는 마치 거북이가 등껍질에 단단히 달라붙어 있
듯이 성당에 몸을 밀착시키며 살아갔습니다. 견고한 성당은
마치 갑옷처럼 그를 감싸 보호했으며…… 콰시모도의 존재

와 건축물이 거의 한 몸처럼, 완벽한 대칭과 유연성으로 하나
가 되었습니다.[6]

바슐라르는 인간이 거주하는 집의 내부 공간과 동물의 둥
지나 껍질에서 발견되는 공간 사이의 유사성을 탐구하며, 내부
공간을 형성하는 데 있어 신체적 존재의 중요성에 주목한다. 그
는 쥘 미슐레(Jules Michelet)가 1858년에 발표한 새에 관한 연구인
「새(L'Oiseau)」에서 '둥지'와 신체 간의 밀접한 관계를 인용하며
다음과 같이 설명했다.

미슐레는 신체에 의해, 그리고 신체를 위해 지어진 집을 껍질
처럼 내부에서 형태를 잡아가는 공간으로 설명하며, 이는 단
순한 구조 이상의 것으로 내부에서부터 느껴지는 친밀함을
의미합니다. 둥지의 형태는 이 내부의 힘에 의해 자연스럽게
결정되며, 모든 것은 내부의 압력 즉, 물리적 친밀함이 그 공
간의 한계를 밀어내며 둥지를 완성합니다.

바슐라르는 둥지와 같은 방에서 몸이 감싸이는 경험을 '순
수한 물리적인 친밀함'으로 묘사하며, 그 경험은 '촉각적으로 거
주하는 행위를 의미한다' 고 설명한다.[7]
바슐라르는 내부의 구석진 공간과 몸이 들어갈 만한 작은 실
내 공간이 우리에게 진정한 거주를 가능하게 한다고 언급하였다.
그는 '집 안의 모든 구석, 방 안의 모든 각도, 우리가 깊이 물러나
고자 하는 모든 은밀한 공간이 방의 시작이 된다'고 말했다. 그는
이어서 '사랑받는 구석은 둥지와 같은 힘을 가지고 있으며, 그것은

우리에게 소유하고 싶은 욕망을 불러일으키고, 이는…… 사람이 거주하는 기하학이다'라고 덧붙였다. 바슐라르는 거주 공간 안에서 서로 중첩되는 작은 세계들이 거주자에게 특별한 경험을 준다고 설명했다. 이에 대한 예시로 밤의 어둠 속에서 탁자 위에 비추는 빛이 세상의 중심처럼 느껴지는 것을 이야기했다. '저녁에 가족 테이블 위에 켜진 조명은 세상의 중심입니다. 사실, 이 램프로 밝혀진 테이블은 그 자체로 작은 세상입니다.' 이 테이블 위의 깊은 그림자가 드리워진 세계는 시각보다는 음식 냄새, 사람들의 대화 소리, 목재 테이블 위에 닿는 손의 촉감에 의해 만들어진다. 바슐라르는 '시각은 그저 관찰한 드라마를 축소시킬 뿐이지만', 냄새와 소리는 '그 환경 전체를 만들어낼 수 있다'고 주장한다.[8] 이는 건축가 헤르만 헤르츠버거(Herman Hertzberger)의 관찰과도 유사하다. 그는 빈센트 반 고흐(Vincent van Gogh)의 1885년 작품인 〈감자 먹는 사람들(*The Potato Eaters*)〉에 대해, 따스한 불빛 아래에서 나누는 대화와 촉감이 만들어내는 작지만 온전히 충만한 세계를 묘사하며 다음과 같이 말했다.

테이블 위에 매달린 램프는 [테이블을 중심으로 모인 사람들의] 주의를 정확하게 한 곳으로 모읍니다. 램프가 비추는 부드러운 빛은…… 사람들과 그들의 존재를 하나의 공간 안에 묶어 주며, 궁극적으로 사람과 장소를 자연스럽게 어우러지도록 합니다……. [이로 인해] 사람과 장소가 서로를 보완하며, 그 순간과 공간 안에서 깊이 연결됩니다.[9]

바슐라르의 연구에서, 내부 거주 공간은 친밀함과 광대함이라는 두 가지 상반되는 개념의 조화를 중심으로 다루고 있다. '친밀함과 광대함'이라는 제목의 장에서, 그는 기억에 남는 방이란 친밀하고 광대한 이 두 가지 경험을 동시에 담고 있다고 주장한다. 그는 내부 공간이 숲과 마찬가지로 '자신의 경계 내에서 무한함을 품으며, 거주자에게는 친밀한 공간이 깃든 그 장소가 모든 공간의 중심이 되고, 그곳에서 그들의 경험은 경계 없이 넓어지고, '지평선과 중심이 함께 공존하는 순간을 만든다'고 언급한다.[10] 이 관점은 미국의 초월주의 작가 랠프 왈도 에머슨(Ralph Waldo Emerson)과 맥을 같이 한다. 에머슨은 거주와 경험에 관해 '사람들은 눈이 지평선을 만든다는 것을 잊는다'고 말했다.[11] 또한, 바슐라르는 시인 보들레르(Baudelaire)가 경험에서 내부 공간의 광대함을 묘사할 때 '광대함(vast)'이라는 단어를 다른 어떤 말보다도 더 자주 사용했다고 언급했다. 바슐라르는 '광대함'은 보들레르의 언어 중 가장 보들레르다운 단어로, 친밀한 공간의 무한함을 가장 자연스럽게 표현하는 단어라 칭송했다. 바슐라르는 자신이 가장 애정하는 단어인 '친밀함(intimate)'을 이러한 맥락에서 정의한다. '친밀한 공간에서의 광대함은 단순한 넓이가 아닌, 존재의 깊고 강렬한 에너지로 채워진 무한함이고, 이는 친밀한 영역 속에서 무한히 진화하는 광대한 경험을 통해 발현된다.'[12]

바슐라르는 그의 연구에서 결론적으로 제시한 두 번째 개념의 결합은 바로 (이 책의 마지막 장에서 살펴볼) '외부'와 '내부'이다. 그는 '외부'와 '내부'의 개념이 단순한 대칭적인 관계가 아니라, 서로 깊이 얽힌 관계임을 강조한다. 바슐라르는 '외부'와 '내부'의 관계를 설명하면서, 단순한 기하학적 경계를 넘어선 경험적 차원에 주목한다. 기하학적으로는 외부와 내부가 뚜렷하게 나뉘지만,

실질적인 경험을 그렇지 않다는 것이다. 특히, 방에 들어가고 나가는 경험은 단순히 양쪽이 맞물리는 대칭적인 관점이 아니다. 그 과정에서 느껴지는 감각과 감정은 완전히 다른 것이다. 문이나 문턱은 단순한 경계선이 아닌 신성한 장소로 경험되어 왔다. 내부와 외부 공간이 엄격한 기하학적 경계로 분리되어 있는 것처럼 보여도, 이들 사이의 미묘한 접촉면은 두 공간을 모두 인식하는 데 매우 중요하다. 문턱은 그 자체로 두 세계를 이어주며, 우리가 내부를 경험하는 순간에 필수적인 연결고리가 된다. 하지만 만약 이 경계가 흐릿해지거나 사라지면 '내부 공간은 그 고유의 친밀함을 잃고, 외부 공간은 더 이상 그 자체의 공허함을 간직하지 못하게' 된다. 바슐라르는 이 '"공허함"을 단순히 비어 있음이 아니라 존재가 움틀 수 있는 가능성의 공간, 즉 새로운 무엇인가가 탄생할 수 있는 원재료'로 이해한다. 바슐라르는 방을 이해할 때 '외부'와 '내부'라는 개념이 단순히 서로 반대되는 대칭적인 것들이 아니라고 말한다. 그는 '방의 첫 번째 과제가 내부를 구체적으로 친밀하게 만들고, 외부를 그 반대로 넓고 광활하게하게 만드는 것'이라고 설명한다. 바슐라르는 '외부와 내부는 모두 친밀하다'고 말하며, 결국 우리가 내부와 외부를 경험하는 동안, 내부 공간과 그 안에 있는 존재(사람)가 하나가 된다고 주장한다. 그는 라이트와 마찬가지로, 방의 가장 중요한 기능은 거주자들에게 진정한 휴식의 순간을 경험할 수 있도록 하는 것이라고 결론지었다.

방의 친밀함은 곧 우리의 친밀함이 됩니다. 그 방은 매우 깊숙이 우리의 일부가 되어, 마치 우리 안에 존재하는 듯 느껴집니다. 우리는 더 이상 그것을 눈으로 보지 않습니다. 이제 그것은 더 이상 우리를 제한하는 벽이 아니라, 그 안에서 얻게 된 깊은 고요와 평온 속에 머물게 합니다.[13]

근대 건축가들이 우리의 기억 속에 남는 이유는 그들이 공간을 설계할 때 친밀함과 광대함에 대한 경험을 섬세한 감수성으로 조화시키기 때문일 것이다. 이들은 우리의 존재를 대지와 하늘 그리고 먼 지평선과 자연스럽게 연결시키는 한편, 친밀한 공간감과 디테일로 우리를 감싸 안아준다. 이로 인해 광대한 공간 속에서도 우리는 크고 드넓은 세계와 연결되어 있지만, 동시에 그 공간은 우리의 눈높이에 맞는 세밀한 디테일로 채워져 있어 마치 그 공간이 우리에게 속한 것처럼 느껴진다. 이에 대해 바슐라르는 '공간의 모든 것, 심지어 크기조차도 인간적 가치이다'라고 언급하며, 공간의 크기와 규모가 인간의 경험과 밀접하게 연결되어 있다고 강조한다. 즉, 공간이 크든 작든 그것은 인간의 살아 있는 경험에 맞춰져야 하며, 친밀함과 광대함도 결국 인간의 몸과 감각을 통해 느껴질 때 진정한 의미를 갖게 된다고 말한다.[14]

인류학자 에드워드 홀(Edward T. Hall)은 인간이 공간을 지각하는 방식이 건축 공간 경험에 얼마나 중요한지를 강조하며, '라이트가 건축가로서의 큰 성공을 거둔 것은 사람들의 공간 경험을 섬세하게 이해했기 때문'이라고 평가하였다.[15] 이와 유사하게, 건축사학자 해리 말그레이브(Harry Mallgrave)를 포함한 최근 연구들은 신경과학과 건축 사이의 중요한 관계를 통해, 건축공간에서 느껴지는 친밀함과 광대함의 결합이 우리의 감각과 경험에 깊이 영향을 미친다고 제안했다. 말그레이브는 라이트의 프레리 하우스를 신경생물학자 세미르 제키(Semir Zeki)가 언급한 공간의 '모호성'의 우수한 건축적 사례로 제시했다. 라이트의 프레리 하우스는 경계가 복잡하게 얽히고 모호하게 구분된 공간으로 구성되어 있어 단순히 구획된 공간과는 다른 경험을 제공한다. 제키에 따르면, 인지 과정에서 인간 뇌는 익숙한 사건에 대해서는 비교적 적은 시간이나 인지적 에너지를 들여 인지하지만, 다양한 의미나 해석을 지닌 모호한 상황이나 요소에 더 많은 주의를 기울인다. 이러한 모호한 경험은 뇌의 여러 영역을 자극하며, 단순한 인지뿐 아니라 학습, 판단, 기억 및 경험을 포함하는 다양한 인지적 반응을 불러일으킨다.[16]

라이트의 프레리 하우스 디자인에서 나타나는 모호함은 서로 다른 경계를 정의하고 다양한 공간 해석을 허용함으로써 발생했다. 역설적으로, 이러한 경험적 모호함은 철저히 기하학적 질서에 바탕을 두고 있다. 라이트의 '우브 플랜'은 기하학적 계획, 즉 기본 그리드와 각 방의 형태에서 나타나는 기하학적 질서에서 비롯되었다. 이러한 공간 구조는 라이트의 공간이 순수한 하나의 독립적인 기하학적 볼륨으로 존재할 뿐만 아니라, 연속적이며 상호 의존적으로 융합된 공간으로 작용할 수 있도록 했다. 라이트는 비례적으로 연관된 볼륨들을 클러스터 형태로 묶어, 기본적인 사각형 그리드와 공간들 사이의 관계를 매우 중요하게 여겼다. 그는 각 공간의 모듈형 볼륨이 개별적이고 독립적으로 구조화될 수 있다고 보았으며, 방마다 '그 자체적으로 작은 건물'처럼[17] 고유한 구조와 대칭적인 질서를 가질 수 있다고 믿었다. 라이트의 프레리 하우스 디자인에서는 여러 개의 대칭적이고 자율적인 방들이 주축과 부축을 따라 서로 얽혀 더 큰 전체를 형성하며, 이 전체는 대칭적이기도 하고 때로는 비대칭적으로 조화롭게 배열되어 있다.

　라이트는 '중첩' 개념을 적용하여, 큰 방 안에 작은 공간들을 배치함으로써 건축물을 다양한 규모로 반복되는 유사한 요소들로 구성되도록 했다. 이 중첩된 형태와 공간들은 항상 일관된 질서 원칙을 사용하여 정교하게 설계되어, 조화롭고 체계적인 위계 구조를 형성하며 거주 공간에 독특한 정체성을 부여했다. 가구 또한 이와 같은 원칙을 따랐다. 이동형이든 고정형이든, 라이트의 가구는 건물의 전체적인 '해석'이나 '주제 변형'으로 만들어졌다. 예를 들어, 로비 하우스 식당에 있는 목재 사이드보드는 주택 파사드를 축소하여 표현한 형태로, 공간과 가구 간의 통일성을 시각적으로 구현하여 디자인되었다. 라이트의 프레리 하우스에서 주요 기둥들은 항상 짝을 이루며 배치되었고, 이 기둥들 사이의 공간은 작은 삽입 기둥 두 개가 다시 정의하여 공간을 더 세밀하게 계획했다. 이러한 기둥 구조는 건물의 전체적인 규모에서부터 각 개별 공간에 이르기까지 중첩된 거주 가능한 볼륨을 형성했으며, 공간에 깊이와 층을 더했다. 이와 유사한 비율의 공간을 중첩시키는 것 외에도, 라이트는 다양한 비율의 공간을 서로 얽히게 배치했다. 예를 들어 1908년에 지어진 에반스 하우스(Evans House)에서는 서로 다른 높이의 기둥들이 입방체 구조에서 다양한 길이로 돌출되며 수평면과 경계선이 겹겹이 이어져, 시각적 다양성과 공간적 깊이를 동시에 구현했다.

　라이트의 건축에서는 내부 공간이 친밀함과 광대함을 동시에 제공했다. 이러한 경험은 바닥, 벽, 천장 등의 공간을 정의하는 면들로 서로 얽혀 있고, 다양한 규모의 작은 공간들이 서로 중첩되어 만들어내는 구조에서 비롯된다. 이로 인해 공간은 수축과 확장의 리듬을 갖게 되며, 이는 듀이가 말한 '수축(retracting)'과 '전개(unfolding)'의 개념에 해당한다.[18] 라이트는 이러한 방식으로 공공 건물과 사적 건물에 대해 서로 상호 보완적이면서도 대조적인 공간 경험을 발전시켰다. 라이트의 유니티 템플은 거대한 스케일을 갖추면서도 따뜻한 친밀감을 동시에 전달한다. 내부로 들어서면 사람들은 주변을 둘러싼 입방체의 기하학 구조가 접히고 펼쳐짐을 느끼며 광대한 공간을 경험한다. 시선은 자연스럽게 하늘과 연결된 수직 중앙 공간에 집중되고, 위에서 내려오는 신비로운 빛이 방문객을 마치 공중에 떠 있는 듯한 느낌을 경험하게 한다. 또한 이곳에서 사람들은 얇은 선으로 엮여 공간 속에 어우러져 있는 듯하며, 서로 밀도 높은 평면들 속에서 가까이 있게 된다. 이러한 구조는 예배 중 서로를 가족 구성원처럼 느끼게 하여, 모두가 한데 모인 공동체의 일부임을 인식하게 한다. 라이트의 다윈 마틴 하우스(Darwin Martin House)는 넓고도 따뜻한 감각으로 거주자를 감싼다. 바닥에서 기둥, 그리고 천장까지 서로 얽히고 설키며 이어지는 구조가 만들어낸 이 공간은 돌출된 지붕 처마 아래 모든 방향으로 공간을 확장시키며, 거주자들은 먼 지평선과 자연스럽게 연결되는 듯한 느낌을 받는다. 동시에 두꺼운 벽과 기둥, 납으로 만든 창문, 목재 캐비닛의 층층이 겹쳐진 구조는, 집의 중심을 단단히 감싸고 있다. 특히 중심에 자리한 크고 견고한 벽난로 주변은 마치 둥지 같은 안락한 공간을 형성하여 거주자들에게 아늑하고 친밀한 내부의 감각을 전달한다. 이처럼 넓은 공간 안에서 친밀하고 따뜻한 내적 안정감을 느낄 수 있는 경험을 제공한다.

내부 공간에서 친밀함과 광대함을 동시에 실현하는 아이디어는 건축의 오래된 개념이다. 각 방을 더 큰 건물 안에서 독립된 작은 건물로 해석하고, 여러 공간들이 둥지처럼 배치되는 방식은 르네상스 건축가 레온 바티스타 알베르티(Leon Battista Alberti)에 의해 명확히 설명되었다.

만약 (철학자들의 말처럼) 도시가 하나의 거대한 집이고, 집이 하나의 작은 도시와 같다면, 집 안의 여러 공간도 작은 건물로 볼 수 있지 않을까요? (아트리움은 도시의 광장처럼 우리를 중심에 모으고, 산책로는 거리처럼 발길을 이끌며, 식당은 함께 소통하는 장소가 됩니다. 현관은 집과 바깥세상을 잇는 대문이 되어 마치 도시의 입구와 같은 역할을 하죠. 그렇게 보면, 집 안의 각 공간은 저마다 작은 건물이자, 모두가 함께 하나의 작은 도시를 이루는 듯합니다.)[19]

근대 건축가들 중에서 알베르티의 개념을 가장 구체적으로 구현한 건축가는 칸이었다. 칸은 포트 웨인 공연 아트 센터(Fort Wayne Performing Arts Center)(1966-73)를 건물 안에 또 다른 건물을 넣는 방식으로 설계했다. 그는 '바이올린'이라고 부른 공간, 즉 복잡하게 접힌 자립형 주조 콘크리트 벽으로 둘러싸여 음향적으로 설계된 오디토리움을 '바이올린 케이스'처럼 둘러싸인 구조 안에 배치했다. 이 '바이올린 케이스'는 로비, 계단, 현관으로 구성된 별도의 구조물로 콘크리트 블록과 벽돌로 지어져 오디토리움을 둘러싸고 보호하는 역할을 한다. 칸은 엑서터 도서관 설계에서도 이와 유사한 중첩 개념을 적용하였다. 도서관의 외부 벽돌 구조는 주변에 작은 목재 열람실을 배치하고, 그 안쪽에는 콘크리트 구조로 이루어진 더 큰 책장 방을 수용한다. 이 책장 방들은 다시 건물의 중앙에 위치한 천창으로 빛이 들어오는 수직 입구 홀을 둘러싸며, 각 공간이 다층적으로 배치된 구조 속에서 상호 연결되어 있다.

칸의 건물 안에 건물을 중첩시키는 설계와 그로 인해 발생하는 친밀하고 광대한 경험은 그가 설계한 방글라데시의 수도 다카 국회의사당(1962-74)에서 절정에 이르렀다고 말할 수 있다. 칸은 이곳에 독립적 성격을 지닌 여러 개의 방-건물(room-buildings)을 배치하며, 마치 체스판 위에 말들을 배치하듯 각 공간을 구성했다. 국회의사당은 최소 여덟 겹 이상의 벽이 겹쳐진 복잡한 구조로, 호수 가장자리의 외벽에서부터 의회 홀의 중앙 내부 벽까지 이어진다. 여덟 개의 독립된 방-건물들, 즉 기도실, 현관, 회의실과 식당, 네 개의 사무실 블록이 중앙 의회 홀을 중심으로 모여 있다. 이 외부와 내부 공간들은 각 층에서 옥상으로 이어지는 회랑 아트리움 공간으로 분리되면서도 다시 연결된다. 건물 내부를 이동하다 보면, 빛이 상부에서 들어오는 다섯 개의 공간 층이 드러나며, 이 채광은 건물 내부에 신비롭고 장엄한 분위기를 더해준다. 외부 사무실에는 여덟 개의 정사각형 빛의 정원이 배치되고, 기도실의 바깥쪽 모서리에는 네 개의 원형 채광탑이 세워져있다. 건물 전체를 둘러싼 회랑 아트리움, 의회 홀 주변에 있는 여덟 개의 삼각형 빛의 정원, 그리고 중앙 의회 홀 자체에도 상부 채광이 적용되어 있다. 이러한 공간의 겹침과 빛의 조화는 거주자에게 다양한 빛과 그림자의 조화 속에 감싸인 경험을 선사한다. 넓은 전망과 은밀한 구석이 공존하는 이 공간은 친밀하면서도 광대한 경험을 형성하며, 마치 하나의 작은 우주 안에 들어선 듯한 감각을 불러일으킨다.

스위스 건축가 페터 춤토르(Peter Zumthor)는 가장 매혹적인 경험이 두 가지 공간 구성 방식을 통해 만들어진 건물에서 발생한다고 언급했다. 첫 번째는 '내부 공간을 고립시키는 폐쇄적인 구조'이고' 두 번째는 '끝없는 연속체와 연결된 공간을 포용하는 개방적인 구조'이다. 예를 들어 스위스 발스 온천(Therme Vals) (1990-96)에서는 작은 목욕탕들이 대지에 새겨진 미로처럼 커다란 벽들 사이에 자리잡고 있어 친밀하면서도 광대한 경험을 동시에 제공한다. 춤토르는 개별적인 방을 다음과 같이 말했다.

각각의 개별 공간들은 마치 정교한 신체와 같아서, 그들이 어떻게 내부 공간의 특정 영역을 주변 공간과 구분하고 정의하는지, 또한 무한한 공간 속에서 일종의 열린 그릇이 되어 그 공간을 품고 있는지를 느끼는 것이 중요하다고 생각했습니다.

춤토르는 친밀함과 광대함이 조화를 이루는 공간을 정의하면서, 과거 이탈리아의 건축가 팔라디오가 설계한 올림피코 극장(Teatro Olimpico)을 방문했던 경험을 떠올렸다. '비첸차에 있는 르네상스 극장. 가파른 좌석들, 낡고 오래된 나무들…… 그곳에는 거대한 친밀함이 있었습니다. 강렬한 공간감과 몰입된 분위기가 온 공간에 퍼져 있었습니다.'[20]

춤토르는 목수와 가구 제작자로서 경력을 시작한 후, 보존 건축가로 활동하며 본격적으로 건축 분야에 발을 들였다. 그의 경력은 현대 건축의 흐름과도 맥을 같이 하는데, 오늘날 건축은 새로운 건물을 세우기보다는 기존의 도시나 자연 환경에 조

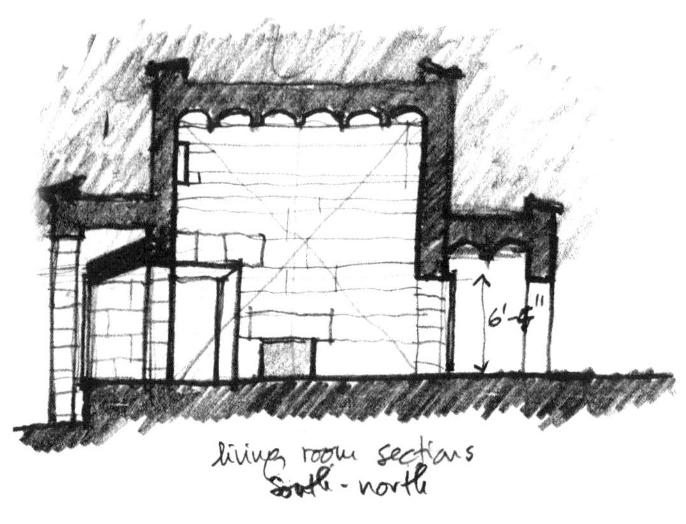

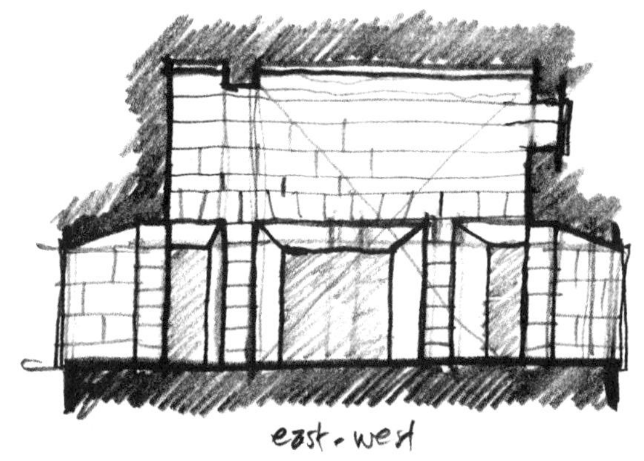

바다가 내려다보이는 거실은 조개껍데기처럼 모양잡힌 지붕과 벽 아래에 자리잡고 있으며, 두툼한 벽을 뚫고 조각된 둥지 같은 창문이 멀리 보이는 풍경을 프레임으로 잡아주어 친밀하고 광대한 경험을 선사한다.
예른 웃손이 설계한 주택의 거실, 스페인 마요르카섬 칸 리스, 남-북 방향(상단)과 동-서 방향(하단)의 단면도. 2015년 2월 7일 스케치.

화롭게 '둥지를 틀듯' 새로운 요소를 추가하는 방식을 선호한다. 이와 관련해 이탈리아 건축가이자 이론가인 비토리오 그레고티(Vittorio Gregotti)는 저서 『건축의 내부(*Inside Architecture*)』에서 현대 건축이 독립된 건물을 설계하는 것보다 기존 건물 안에 새로운 건물을 '중첩'시키는 것에 더 중점을 둔다고 언급하였다.

> 기존 건물 안에 새로운 건물을 짓는 것은…… 이제 점점 더 흔해지고 있는 건축 작업 방식이 되어 가고 있습니다. 모든 건축 작업은 그 환경 속에서 부분적인 변화를 만들어내는 행위로, 단순히 재사용이나 복원에 그치지 않고 기존의 중요한 요소와의 맥락적 관계를 통해 새로운 의미와 다른 무언가를 창조하는 것을 포함합니다.[21]

오래된 공간 안에 새로운 공간을 겹겹이 쌓아올리는 개념은 이탈리아 건축가 스카르파의 독특한 작업 방식이었다. 스카르파는 역사적 요소와 현대적 요소를 유기적으로 엮어 공간을 재구성하고, 그로 인해 공간적 깊이와 경험의 풍부함을 도시에 느낄 수 있는 친밀하고 광대한 장소를 만들었다. 스카르파가 개조한 박물관 스탐팔리아 재단(Fondazione Querini Stampalia)(1961-3)을 거닐며, 우리는 베네치아의 물이 실제로든 상징적으로든 우리의 발 밑과 옆에 항상 흐르고 있다는 것을 경험하게 된다. 이 여정은 입구 홀에서 시작된다. 고대 베네치아 교회의 바닥을 떠올리게 하는 반짝이는 기하학적 패턴의 대리석 바닥이 우리를 맞이하며, 그 주위에는 도랑 같은 물길이 둘러싸고 있다. 이 도랑은 홍수로 인한 물을 받아내어 사계절 내내 이 방이 물에 잠

기지 않고 기능하도록 설계되었다. 물이 마른 상태에서도 이 물길은 베네치아 도시와 물의 친밀한 관계를 끊임없이 상기시키는 역할을 한다. 교각처럼 보호된 산책로를 따라가다 보면, 트래버틴 석재로 둘러싸인 깊고 평온한 공간에 이르게 된다. 이곳에는 경첩이 달린 묵직한 석문이 있어, 이 문을 열면 건물 뒤쪽의 정원으로 이어진다. 정원의 바닥은 소금물에 젖은 땅에서도 나무가 자랄 수 있도록 높게 설계되었으며, 동쪽에서 서쪽으로 흐르는 수로는 역사적으로 동방에서 베네치아로 이어진 문화적 영향을 상기시킨다. 마이클 캐드웰(Michael Cadwell)은 '스카르파의 감각은 베네치아의 물결에 깊이 스며들어 있었다'고 묘사하며, 이 공간이 베네치아와 물의 조화로움을 담고 있음을 전하였다.[22]

오스트리아 빈에 있는 로스의 카른트너(Kärntner) 또는 '아메리칸(American)' 바(1908)는 비록 매우 작은 공간이지만, 두 가지 대조적인 감각을 결합하여 두 가지 경험을 동시에 선사했다. 하나는 눈높이 이상의 거울에 비친 격자무늬 대리석 천장이 공간을 무한하게 확장시켜 주는 시각적 광대함이고, 다른 하나는 낮고 편안한 가죽 벤치에 몸을 기대어 느끼는 신체적 친밀감이다. 이 바를 처음 방문한 스카르파에 대해 오스트리아의 건축가 페터 뇌버(Peter Noever)는 이렇게 회상하였다.

우리가 막 들어섰을 때 [스카르파]는 눈앞에 펼쳐진 풍경에 깊은 감탄을 드러내기 시작했습니다. 그의 시선은 처음에 천장의 격자무늬에 머물렀다가 점차 방 안쪽으로 이동했습니다. 그는 바에 앉아 있는 여성들을 발견하고 다가가 미소를 지으며 가볍게 인사를 건냈습니다. 그 순간, 그는 자신이 건축에는 전혀 관심이 없어 보이는 사람들 한가운데 서 있다는 걸 깨달았습니다. 스카르파는 그들을 위해 샴페인을 주문하고, 자신을 위해서는 줄자를 주문했습니다. 그는 로스와 그의 건축에 완전히 매료된 듯 보였습니다. 그는 손님들과 농담을 주고받으며, 눈으로 그리고 손으로 방의 모든 구석을 탐색했습니다. 그는 마치 어린아이처럼 예상치 못한 자세를 취하며, 결국에는 여성들의 도움까지 받아 '로스' 바의 정확한 치수를 측정하기 시작했습니다. 바 난간의 직경, 그 마지막 밀리미터까지도 알고 싶어했던 그는 마침내 이 공간을 '영적이고 정서적인 품격을 지닌 독특한 장소'라고 선언했습니다.[23]

알토의 건축은 친밀함과 광대함을 동시에 담아내는 내부 공간을 통해 근대 건축의 깊이를 잘 보여준다. 그는 선택된 건축 표면과 요소들의 비율을 정교하게 조정하고, 우리의 촉감과 시각을 자극하는 재료들을 사용하여 이러한 조화를 건물에서 섬세하게 표현했다. 예를 들어, 그의 작품 빌라 마이레아(Villa Mairea) (1937~9)의 거실 천장은 작은 소나무 조각들로 구성되어 있으며, 각 조각에는 환기가 방 전체로 자연스럽게 스며들 수 있도록 타원형 구멍이 뚫려 있다. 또한, 목재 슬랫과 라탄으로 감싸인 여러 개의 철제 기둥들은 계단을 감싸고, 나무 기둥들과 함께 창 너머 숲의 수직적인 나무 줄기들과 연결된다. 그리고 사우나 문에 달린 독특한 손잡이는 두 갈래로 다듬어진 나뭇가지로 만들어져 있어 세심하게 다듬어진 느낌을 준다. 알토는 이러한 요소들을 통해, 마치 친구 브라크가 언급한 '촉각적 공간'을 구현하는 듯, 사람들에게 깊은 친밀함과 광대함의 조화를 구현했다.

바슐라르는 저서에서 친밀함과 광대함이 동시에 담고 있는 그 당시의 실내 공간의 예로 르코르뷔지에의 프티 카바농을 언급했다. 이 작은 공간은 문명으로부터 벗어나 원시적인 삶의 친밀함을 경험하기 위한 르코르뷔지에와 그의 아내 이본만을 위한 은신처로 설계되었다. 프티 카바농은 그들의 몸에 맞춘 정확한 비율과 규모로 설계되었으며, 작업 테이블 위에 있는 창문을 통해 끝없이 펼쳐진 바다의 수평선을 감상할 수 있었다. 흥미롭게도 르코르뷔지에는 이 친밀한 공간을 설계하면서, 동시에 롱샹 성당과 생 마리 드 라 투레트 수도원(Sainte Marie de La Tourette)과 같은 대규모 건축물을 통해 심오하고 정서적으로 공명하는 내부 공간에 대한 개념을 발전시키고 있었다는 것이다. 그는 이 공간을 '형언할 수 없는 공간'이라 불렀으며, 이 공간 안에 광대함과 무한함의 암시를 담고자 했다.

하얀 벽난로의 부드러운 곡선은 눈이 쌓인 듯 부드럽게 조각되어 있고, 그 앞에 놓인 유리 꽃병의 맑고 차가운 곡선은 얼음을 떠올리게 한다. 이 두 가지 요소는 여름 별장에서 핀란드 겨울의 고요함과 맑은 아름다움을 은은하게 연상시키며, 자연스럽고도 절제된 계절의 변화를 공간 안에 담아낸다.
알토의 빌라 마이레아, 핀란드 누오르마르쿠. 거실 코너에 위치한, 벽난로, 창문, 유리 꽃병, 정원으로 통하는 문이 조화를 이루는 내부 디테일. 2001년 5월 8일 인테리어 디테일 스케치.

여덟. 경험과 기억을 위한 공간 만들기

근대 건축에서 내부 공간의 중요성은, 단순한 건축의 차원을 넘어, 그 공간 안에 머무는 사람들에게 깊고 지속적인 인상을 남긴다는 인식에서 비롯된다. 이러한 공간은 그 안에 머무는 사람들이 경험한 순간들이 몸과 마음에 새겨져 오랜 기억으로 남는다. 이러한 공간은 그들의 움직임과 행동 속에 자연스럽게 스며들며, 그들의 삶과 일상에 은밀하게 자리잡는다. 그리하여 삶의 순간들이 녹아든 이 공간들은 단순한 거주의 영역을 넘어, 기억과 감정이 깃든 소중한 장소로서 오래도록 거주자의 마음에 각인된다. 이러한 방(공간)들은 거주자에게 멀리 펼쳐진 지평선과 연결되는 동시에 가까운 곳에 안식처를 제공하여 마치 그 장소의 역사와 자연과 하나로 어우러져 그곳에 뿌리내린 듯한 느낌을 준다. 또한, 방의 구조와 재료, 세심하게 연결된 이음새에는 그동안 쌓여온 기억들이 담겨 있어, 그 울림이 공간을 가득 채운다. 이 방은 하루의 순간, 계절의 변화, 한 해 흐름에 따라 빛이 스며들어 생명을 얻고, 그 안에서 일어나는 일상의 의식에 맞추어 정밀하게 다듬어진 공간이 된다. 에드워드 홀은 '영속적인 구조(fixed feature)'를 가진 이러한 공간이 습관과 몸에 새겨진 기억을 불러일으켜, 그곳에 머무는 사람들의 삶에 강력한 영향을 미친다고 설명하며, 다음과 같이 언급했다.

'영속적인 구조를 가진 공간'은 마치 수많은 행동이 형성되는 틀과 같습니다. 이를 두고 고 윈스턴 처칠 경(Sir Winston Churchill)은 '우리가 건물을 만들고, 그 건물이 우리를 형성한다'라고 표현했습니다. 전쟁 후 하원의사당의 복원 계획을 논의할 때, 처칠은 좁은 통로를 사이에 두고 대립하는 의원들이 서로 마주보며 토론하는 하원의 전통적인 공간 배열이 바뀐다면, 정부의 운영 방식에도 큰 변화가 생길 것이라고 우려를 표했습니다.[1]

내부 공간과 그 공간에 머무는 사람의 경험과 기억 사이에는 매우 깊은 연결이 있다. 공간의 분위기나 기분은 그 안에 있는 사람의 감정과 생각에 영향을 주고, 그들의 행동과 심지어 성격까지 여운을 남긴다. 이에 대해 팔라스마는 다음과 같이 말했다.

방(공간)이 우리의 기억에 미치는 영향은 아주 강렬합니다. 방은 몸으로 기억된 경험으로 우리 내면에 자리잡고, 신체의 기본적인 방향 감각(앞과 뒤, 위와 아래, 왼쪽과 오른쪽)이 그 방의 형태와 경계에 자연스럽게 투영됩니다. 기억에 깊이 남는 방은 마치 나의 일부가 되고, 나는 그 방에 나의 일부를 남기게 됩니다.[2]

팔라스마는 우리의 기억과 정체성이 우리의 삶이 이루어지
는 실내 공간과 깊이 연결되어 있다고 강조한다. 그는 '우리는
주로 물질적이고 정신적인 환경과 건축물을 통해 우리 자신이
누구인지를 이해하고 기억한다'고 말하며, 방(공간)이 다음과 같
은 역할을 한다고 설명한다.

> 방(공간)은 세 가지 방식으로 우리의 기억을 담는 역할을 합니
> 다. 첫째, 방은 흘러가는 시간을 물질화하여 눈에 보이게 합니
> 다. 둘째, 방은 기억을 담고 투영하여, 기억을 더 생생하게 구체
> 화해 줍니다. 셋째, 방은 우리로 하여금 기억을 일깨우고 상상
> 을 자극하여 과거와 미래를 넘나들며 새로운 영감을 줍니다.[3]

시인 노엘 아르노(Noël Arnaud)는 '나는 내가 있는 그 공간이
다'라고 말하며 간결하면서도 강렬하게 우리의 존재의 본질을
드러냈다. 팔라스마는 이러한 표현이 '세상과 자아가 어떻게 얽
히는지, 그리고 외부에 투영된 기억과 정체성의 기반이 어떻게
형성되는지'를 명확하게 보여준다고 설명했다.[4]

베르그송은 1896년에 발표한 자신의 저서 『물질과 기억
(Matter and Memory)』에서 현재의 지각과 과거의 기억이 분리될 수
없는 관계에 있다고 주장했다. 그는 '기억이 없는 지각은 없다'
라며, 우리의 현재 경험에는 항상 과거의 기억이 함께 한다고 보
았다. 베르그송은 훌과 마찬가지로, 과거가 단지 회상되는 것이
아니라, '마치 걷거나 글을 쓰는 습관처럼 우리 몸속에 깊이 새
겨져, 지금 이 순간에도 살아 움직인다는 것'이라고 말했다. 베
르그송은 이와 같은 '습관적 기억(habit memory)'을 통해 몸이 과

거와 현재를 연결한다고 보았으며, 지각은 가까운 과거의 기억이고, 움직임은 다가올 미래의 행동을 결정하는 연결점이 된다고 설명했다.[5] 그는 이러한 경험을 몸이 서 있는 '단면'에 비유하며, 과거와 미래가 만나는 지점에서 현재의 몸과 감각이 작용하고 있음을 시사했다.

현실은 끊임없는 생성의 흐름이며, 그 안에서 현재라는 순간은 시간의 흐름 속에서 우리의 지각이 만들어내는 하나의 순간적인 단면입니다. 그리고 이 단면이 바로 우리가 '물질 세계'라고 부르는 것입니다. 이 모든 경험의 중심에 바로 우리 몸이 자리하고 있습니다.

베르그송은 우리 몸에 새겨진 경험이 '정서와 기억'에 의해 형성된다고 말하며, 이것이 우리가 머무는 공간의 분위기와 정서적으로 상호작용하는 방식으로 나타날 수 있음을 시사했다. 그는 '우리의 지각 속에는 반드시 우리 몸이 일부 들어가야 한다'고 말하며, 우리가 느끼고 기억하는 모든 경험에는 몸이 중심이 되어 깊이 관여한다고 보았다.[6]

베르그송의 경험과 기억의 체화라는 주제는 철학자 에드워드 S. 케이시(Edward S. Casey)의 저서 『기억하기: 현상학 연구(Remembering: A Phenomenological Study)』(1987)에서 다룬다. 케이시는 이 책에서 '몸의 기억 없이 기억은 존재하지 않는다'[7] 고 주장하며, 우리의 기억이 본질적으로 신체에 새겨진 경험과 분리될 수 없다고 설명한다. 그는 에드문트 후설(Edmund Husserl)의 글을 인용하며 '장소 기억(Place Memory)'에 대한 장을 시작한다.

이 독특한 세계 속에서, 내가 지금 처음으로 인식하는 모든 것, 과거에 경험했거나 지금 떠올릴 수 있는 모든 기억들, 그리고 다른 이들이 경험하거나 기억한 것으로 나에게 전해준 기억들 조차도, 모두 그들만의 고유한 장소를 가지고 있습니다.[8]

케이시는 기억이 장소에 뿌리내리는(emplaced memory) 개념을 고대 그리스인들의 관점에서 설명했다. 그리스인들은 시간이 본질적으로 흩어지는 속성을 지니고 있는 반면, 장소는 본질적으로 기억을 모으고 통합하는 성격을 가진다고 믿었다. 그들은 '기억의 예술(art of memory)'에서 장소의 역할을 매우 중요시했다. 케이시는 아리스토텔레스의 정의를 인용하며, '장소는 일종의 표면이자, 그릇, 즉 기억을 담는 그릇'이라고 표현했다. 또한 케이시는 인간의 행동과 경험이 일시적이지만, 장소는 이러한 '경험을 담아내는 안정적인 그릇으로 오랫동안 지속되기 때문에 강력한 기억력을 지닌다'고 말한다.[9]

케이시는 사람이 장소에 자리잡는 기본적인 방식이 위아래, 앞뒤, 좌우와 같은 방향 감각을 넘어선다고 설명했다. 그는 '거주(in-habitation)를 특정 장소에 익숙해지는 습관적인 존재 방식'으로 정의했다. 이는 '몸에 새겨진 경험의 흔적(lived body) 덕분에 가능하고, 자신이 위치한 특정 장소에 익숙해지는 방식'을 의미한다. 또한 케이시는 장소를 '자신의 것으로 만드는 것'으로 언급하며, 경험과 기억 속에서 특정 장소를 자신과 깊이 연결하는 과정을 강조했다. 그는 '몸의 기억과 장소의 기억이 매우 밀접하게 얽혀 있으며, 때로는 기억의 경험 속에서 거의 구별이 불가능할 정도로 밀접하게 얽혀 있다'고 말한다. 케이시는 집에 있다고 느끼는 감정이 곧 그 장소에 거주하는 것과 같다고 말하며, '거주란, 우리의 몸이 특정 장소에 존재함으로써 이루어지고 완성되는 것'이라고 설명한다. 애플턴의 '전망과 피난처' 개념을 연상시키면서, 케이시는 '장소의 풍경적 특성이 우리의 감각적 경험과 몸에 새겨진 기억에 영향을 미친다'고 주장한다. '우리의 몸은 방향을 잡는 감각의 기초가 되어, 우리가 어디에 있든지 그 공간이 지평선으로 둘러싸여 있음을 느끼게 된다.' 케이시는 장소 기억에 대한 장을 다음과 같이 마무리한다.

> 장소에 대한 기억은 우리에게 깊은 뿌리를 내리게 하고, 그로 인해 우리에게 강력한 힘을 줍니다. 우리가 기억할 만한 수많은 장소들을 지나온 덕분에, 그곳에서 존재할 수 있는 공간을 얻게 되는 것입니다. 만약 몸의 기억이 우리를 움직이게 한다면, 그것은 곧 우리의 기억 속의 삶을 이끄는 중요한 원동력이 됩니다. 그 기억은 우리를 특정한 장소로 이끌고, 그 장소가 가진 고유한 안정성이 기억의 강력함을 더욱 돋보이게 만듭니다.[10]

일상에서 우리의 몸에 새겨진 경험과 마음속에 되살아나는 기억이 가장 깊이 각인되는 공간은 바로 거주를 위한 방으로, 우리는 먼저 근대 건축의 방(공간)에 주목할 필요가 있다. 이 방들은 거주자들에게 시선을 먼 지평선으로 이끌며 동시에 가까운 곳에서 안식을 제공하는 이중적인 감각을 제공한다. 이러한 전망과 안식의 관계를 중심으로, 근대 건축의 내부 공간은 크게 세 가지 유형으로 나눌 수 있다.

　　첫 번째 유형은 근대 시대에 투명한 대형 유리의 급격한 사용으로 탄생하고 그 영향을 받은 공간들이다. 라이트는 자신의 작품에서 섬세하게 짜여진 '직물처럼 빛나는' 창문을 만들기 위해 유리를 섬세하게 사용했다. 그는 1928년에 '고대 건축과 현대(현재 의미로 근대) 건축의 가장 큰 차이점은 아마도 기계로 만들어진 유리 덕분일 것'이라며, 값싸고 대형의 유리 시트가 사용 가능해지면서 '우리의 [현대] 세계는 점점 더 유리와 철로 이루어진 구조물로 향하고 있다'고 말했다. 라이트는 유리에 대해 다소 양가적인 감정을 드러냈다. 그는 '유리가 빛의 다른 형태'라고 보면서도, 유리가 공간을 어떻게 형성하느냐에 따라 '내부 공간'의 성격이 완전히 달라질 수 있다'고 강조했다.[11]

　　근대 건축에서 유리를 활용한 실내 공간 중 가장 주목할 만한 유형은 전면이 유리로 구성된 건물이다. 이러한 건물은 투명한 외벽으로 인해 넓은 '전망을 제공하지만 안식처는 없는' 공간으로 정의될 수 있다. 하지만 반대로 건물을 둘러싼 자연 풍경이 거주자에게 안식처가 되는 공간으로 볼 수도 있다. 다만 이러한 노출된 안식처는 건물에서 보이는 모든 풍경이 사적인 영역처럼 느껴질 때만 가능하다는 특징이 있다. 이 유형의 대표적인 사례로는 1950년 일리노이주 폭스 강변의 넓은 부지에 지어진 미스 반데어로에의 판스워스 하우스(Farnsworth House)를 들 수 있다. 이 하우스는 전면 유리로 된 외벽 덕분에 거주자가 집에 접근하는 순간부터 안과 밖의 경계가 흐려지는 독특한 경험을 제공한다. 투명한 벽을 통해 나무 너머까지 시선을 확장할 수 있어, 집에 다가가는 순간 이미 집의 일부가 된 듯한 느낌을 받는다. 바닥, 계단, 천장은 모두 얇고 수평적인 면들로 공중에 떠 있는 듯한 느낌을 주며, 마치 자연의 풍경 위에 떠 있는 것처럼 느껴진다. 집을 경험하는 사람은 주변 풍경과 집이 유기적으로 연결되어, 이 공간이 더 큰 '실내' 공간의 일부인 것 같은 감각을 경험하게 된다. 판스워스 하우스에 들어서면, 마치 떠 있는 듯한 바닥이 주변 풍경과 완벽히 조화를 이루며 눈높이와 정확히 일치하는 수평선을 형성하는 것을 깨닫게 된다. 내부에서 가장 먼저 시선을 사로잡는 것은 남쪽 강을 향해 열려 있는 풍경이며, 강 표면에 햇빛이 반사되어 반짝이는 모습을 볼 수 있다. 이 집에 거주하는 사람은 강과 숲, 들판이 어우러진 드넓은 자연 속에서 고요한 안식처를 찾게 된다. 외부에서 보면 집은 마치 자연의 수평선 위에 서 있는 듯한 느낌을 주어, 이 건축물이 자연과 한데 어우러진 독특한 공간임을 더욱 강조한다.

두 번째 근대 건축 유형은 전망과 안식처를 균형 있게 결합하는 것이다. 이 '균형 잡힌 전망과 안식처'의 특성을 표현한 대표적인 예로는 라이트의 폴링워터이다. 건축주 이름을 따서 카우프만 하우스(Kaufmann House)라 부르기도 하다. 1938년 펜실베니아의 숲속 작은 폭포 위에 지어진 이 집은 수직의 돌벽과 수평으로 뻗은 콘크리트 바닥이 자연을 향해 돌출되어 있으며, 이 두 요소가 유리와 함께 조화롭게 얽혀 있었다. 집 내부는 짙게 드리워진 그림자가 아늑한 안식처를 제공하며, 그 안에서 창 너머로 보이는 전망은 집 아래로 흐르는 폭포가 아닌, 주변을 둘러싼 울창한 숲으로 가득 차 있다. 작가이자 문학평론가인 로버트 포그 해리슨(Robert Pogue Harrison)은 저서 『숲: 문명의 그림자(*Forests: Shadows of Civilization*)』(1992)에서 다음과 같이 언급했다.

주변 숲은 집의 측면 확장을 부드럽게 둘러싸고 있어, 그 존재감을 더욱 생동감 있게 드러냅니다. 마치 집이 대지 위로 솟아올라 나뭇잎 높이에 자리하면서, 숲과 집이 서로를 감싸 안고 지탱하는 듯한 모습을 연출합니다. 그 결과, 집은 단순한 건축물이 아니라 대지의 일부로서, 숲과 더불어 살아 숨쉬며 자신의 존재를 더 확고히 드러내는 듯 보입니다.

해리슨은 라이트가 가장 좋아했던 책 중 하나인 헨리 데이비드 소로(Henry David Thoreau)의 『월든(Walden)』에서 영감을 받았다고 말하며, 다음과 같이 설명했다.

라이트의 집이 『월든』을 떠올리게 하는 이유는 흐르는 물과 견고한 기초 사이의 역동적인 관계를 활용하는 방식에 있습니다. 소로는 일상의 흐름이나 관습에 떠밀려 가고 싶지 않았습니다. 그는 떠다니는 집이 아니라 실제의 기초 위, 땅 위에 단단히 세워진 집에서 살고 싶어했습니다.

해리슨에게 라이트의 폴링워터는 바로 그러한 현실을 완벽히 구현한 작품이다. 그는 폴링워터는 안정성의 걸작으로, 땅 위에 굳건히 자리잡은 평온함 덕분에 주변 환경의 다양한 요소를 안정시키는 단단함을 가지고 있으며 이런 집은 거주 공간을 진정한 자유의 영역으로 만든다'고 말한다.[12]

해리슨은 라이트가 내부 공간에서 바라본 지평선과 자유가 연결된다고 보고 이렇게 설명했다.

자유를 찾는 과정에서, 라이트는 수직으로 하늘을 향해 오르려는 동경이 아닌, 수평선에서 자유를 발견하려 했습니다. 이것은 라이트를 미국적, 정확히 말해 소로우적* 의미에서의 미국인으로 만듭니다. 우리가 자유라 부를 수 있는 것은 모두 이 땅 위에서 찾을 수 있습니다. 땅 위에 서 있는 이들에게, 수평으로 펼쳐진 땅은 지평선을 형성하며, 집은 그 지평선을 품어 자신의 주위로 모아들이는 장소가 됩니다.

해리슨은 라이트가 안식처를 '내부의 전망과 외부의 전망'으로 정의했다고 설명했다. 이는 완전한 닫힌 공간이 아닌 보호된 내부에서 주변의 자연을 넓게 바라볼 수 있는 열린 공간을 의미한다. 라이트는 '지구상에서 유일한 진정한 안식처는 땅 그 자체'라고 말하며, 땅은 '본질적으로 완전한 폐쇄로 되돌아가려는 경향이 있다'고 말했다. 해리슨은 라이트가 거주를 위한 건축을 '감싸는 것'이 아닌 '펼쳐지는 것'으로 정의한 점을 강조했다. 그가 폴링워터에서 얻은 교훈은 '땅은 인간의 개입 없이 안식처가 될 수 없다는 것'이라고 주장한다. 안식처는 '거주 공간에서 자유가 드러나는 것'[13]으로, 인간의 손길을 통해 펼쳐지고 드러날 때 비로소 실현될 수 있다는 의미이다.

근대 건축의 세 번째 해석은 건물의 경계를 이루는 벽들이 거의 완전히 반투명하거나 불투명하여, '전적으로 안식처이며 전망이 없는 공간'으로 정의될 수 있다. 이 해석은 외부의 전망

'소로우적 의미'는 자연과 밀접한 연관성과 독립적 사고를 강조하는 헨리 데이비드 소로의 철학을 의미한다.

을 차단하고, 내부의 안식처를 향하게 하여 내부로 끌어들이는 개념을 담고 있다. 즉, 외부의 풍경이 내부의 전망으로 변모하는 공간을 의미한다. 이러한 내부 지향적인 해석은 근대 건축 초기부터 나타났으며, 로스의 작품에서 찾아볼 수 있다. 이와 관련해 1925년 르코르뷔지에의 저서 『어버니즘(Urbanisme)』에서 로스가 던진 통찰을 언급하며, 다음과 같이 회상했다. '로스는 어느 날 나에게 이렇게 말했다. "교양 있는 사람은 창밖을 내다보지 않습니다. 그의 창은 불투명 유리로 되어 있어서, 그것은 빛을 들이기 위한 것이지, 시선을 통과시키기 위한 것이 아닙니다."'[14] 건축사학자 베아트리즈 콜로미나(Beatriz Colomina)는 로스 주택에서 흔히 간과되는 특징을 지적하였다.

창문은 [반투명] 유리로 되어 있거나 얇은 커튼으로 가려져 있어, 그저 빛을 들일 뿐, 외부를 내다보기가 쉽지 않습니다. 또한, 실내 공간의 구성과 가구의 배치 역시…… 창문에 쉽게 다가서지 못하게 설계되어 있죠. 예를 들어, 창문 앞에 놓인 소파는 거주자가 창을 등지고 방 안을 바라보게 되어 있습니다. 더 흥미로운 점은, 로스의 공간에 들어서면, 사람의 시선이 자연스럽게 앞으로 나아가기보다는, 방금 지나온 공간을 계속해서 되돌아보게 된다는 것입니다.[15]

'안식처이지만 전망 없는' 공간 유형의 가장 놀라운 예는 거의 전적으로 유리로 지어진 프랑스 건축가 피에르 샤로(Pierre Chareau)의 '메종 드 베르(Maison de Verre, 유리의 집)'이다. 이 저택은 그 구조와 분위기로 방문자에게 마치 '유리 동굴' 속에 있는 듯한 경험을 제공한다. 외벽이 거의 전적으로 반투명 유리 블록으로 구성되어 있어, 내부 공간은 빛을 받아 부드럽게 빛나는 벽들로 둘러싸인 안식처가 된다.

그러나 이 집은 아이러니하게도, 빛으로 가득 차 있으면서도 외부로의 전망은 거의 차단되어 있다. 내부에서 보이는 것은 마치 빛에 의해 부드럽게 조각된 듯한 단단한 재료들의 풍경이다. 집 안에 들어서면 모든 요소가 공중에 떠 있어 마법처럼 살아 움직이는 듯한 분위기에 휩싸이게 된다. 입구의 계단은 공중에 떠 있는 것처럼 보이고, 금속 스크린과 문은 빛을 투과하면서 투명하게 변하여 공간에 생동감을 더해 집 안의 거의 모든 요소들이 움직이는 듯한 느낌을 준다. 스크린, 캐비닛, 문, 환기구, 창문과 같은 익숙한 물건들뿐 아니라 벽, 계단, 침대, 심지어 배관 설비조차도 마치 회전하고, 접히고, 공중으로 떠오르거나 미끄러지는 듯한 인상을 준다. 이러한 내부의 작은 요소들의 유연한 움직임은 두껍고 견고한 유리 블록 벽의 안정감과 빛나는 존재감과도 어우러져, 이 벽들은 밤낮으로 우리 주변을 감싸며 빛을 발산한다. 공중에 떠오르는 듯한 요소들과 묵직한 벽의 대조가 집 안에 신비로운 균형을 형성해, 감각적인 경험을 선사한다.

우리의 몸에 새겨진 경험과 마음속에 되살아나는 기억은, 그 장소의 역사와 자연에 깊이 뿌리내린 방들 안에서 감동적으로 그리고 오래도록 살아 숨쉰다. 이탈리아 포사뇨(Possagno)에 위치한 스카르파의 카노바 박물관(Gipsoteca Canoviana, 1957)은 이러한 내부 공간의 대표적인 예로, 건축된 장소의 기억과 그 안에서 일어난 사건들을 간직하고 있다. 이 건축물은 조각가 안토니오 카노바(Antonio Canova)의 집과 스튜디오, 그리고 1836년에 지

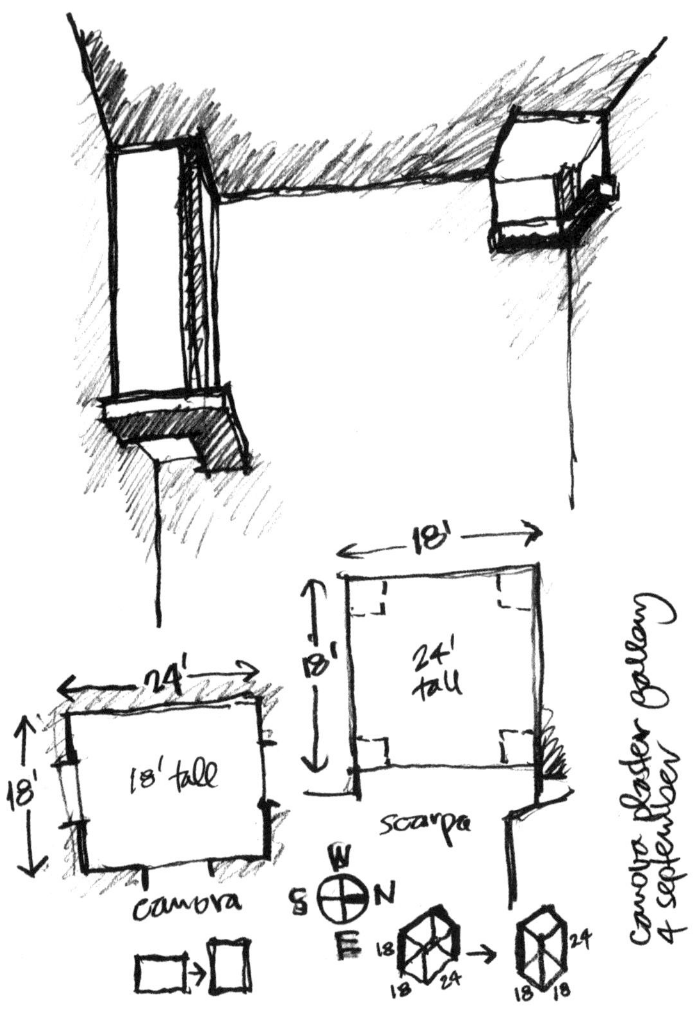

새로운 갤러리는 전시된 작품들이 제작된 스튜디오의 자연광, 색채, 비례의 특성을 반영하여, 이 두 공간을 하나의 경험으로 엮는 기억을 담아낸다. 카를로 스카르카의 지프소테카 카노비아나, 이탈리아 포사뇨. 주요 갤러리의 내부 전경, 갤러리와 카노바 스튜디오의 분석. 2004년 9월 4일 스케치.

어진 박물관에 추가된 공간으로, 완성된 대리석 조각이 아닌 창
작 과정에서 만들어진 석고 캐스팅을 보관하고 있다. 스카르파
의 더 높은 갤러리는 카노바의 스튜디오를 의도적으로 반영하
여 두 공간 간에 긴밀한 대화를 형성한다. 이 두 공간은 창작의
시작이 이루어지는 스튜디오와 그 구상의 결과물을 전시하는
갤러리 사이의 관계를 시각적으로 나타내며, 단지의 양끝에 타
워처럼 서서 균형을 이루고 있다. 그 크기 또한 정확하게 일치
하여, 갤러리가 마치 카노바의 스튜디오를 수직으로 확장한 듯
한 느낌을 주어, 두 공간이 서로 밀접하게 연결된다는 인상을 준
다. 두 공간에서 가장 눈에 띄는 점은 창문 배치이다. 두 공간 모
두 천장에 밀착된 창문들이 있지만, 갤러리에서는 창문이 각 모
서리에 위치해 있고, 스튜디오에서는 벽 중앙에 배치되어 있다.
이로 인해 두 공간이 서로 다른 방식으로 빛을 받아들이며, 공간
안에서 독특한 리듬과 조화를 만들어내고 있다.

건축된 장소의 기억을 담고 있는 공간들과 대조적으로, 자
연의 기억을 간직한 공간들은 건축을 통해 풍경을 실내로 끌어
들이며, 마치 그 장소의 자연이 실내 공간에 은은하게 메아리치
는 듯한 경험을 제공한다. 이러한 공간은 그저 외부의 경치를 끌
어들이는 것을 넘어, 땅과 하늘이 지닌 기억과 정서를 내면화하
여 실내 공간 안에서 경험하게 한다.

덴마크의 예른 웃손(Jørn Utzon)이 설계한 박스베어드 교회
(Bagsværd Church)(1976)는 하늘과 땅을 잇는 거주의 장소로서 자연
의 기억을 담아낸 특별한 공간을 중심에 두고 있다. 외부에서 보
면 소박한 직사각형의 형태로, 마치 시골 건축물처럼 겸손하고
차분한 인상을 주지만, 껍질처럼 생긴 외관이 그 안쪽의 풍요로

운 내부 공간을 감싸고 숨기고 있다. 빛이 부드럽게 스며드는 복도를 따라 걷다 보면, 마치 반전된 수도원 회랑을 걷는 듯한 느낌을 경험하게 되고, 결국 이 빛과 공간이 절묘하게 어우러진 메인 성소로 이르게 된다. 이 성소는 은은한 빛이 가득한 넓은 공간으로 하얀 콘크리트 천장이 떠 있는 듯한 느낌을 주고 감각적인 곡선을 그리며 펼쳐진다. 이 천장은 클리어스토리 창문에서 스며드는 빛을 받아 밝게 빛나며, 제단에서부터 시작해 뒤쪽의 입구까지 하늘을 향해 리드미컬하게 상승하고 다시 머리 위로 부드럽게 내려오며 공간을 감싸 안는다. 부드럽게 물결치는 곡선의 천장은 신비로운 빛으로 가득 차 있어, 마치 낮게 드리운 구름을 떠올리게 하고, 수평으로 펼쳐진 타일 바닥은 덴마크의 평평한 시골 풍경을 연상시킨다. 하늘을 닮은 천장과 대지를 닮은 바닥이 어우러져 이 공간에 머무는 사람에게 땅과 하늘 사이에 서 있는 듯한 경건한 경험을 선사한다.

우리의 몸에 새겨진 경험과 마음속에 간직한 기억들은 공간의 구조와 재료, 이음새마다 고스란히 남아 있다. 마치 시간의 흔적이 벽에 새겨지듯, 방은 그 만들어진 방식과 과정까지도 감싸 안으며, 우리 기억에 깊이 각인된다. 독일 바센도르프(Wachendorf)의 작은 시골 마을에 위치한 춤토르의 브루더 클라우스 필드 예배당(Bruder Klaus Field Chapel)(2007)은 그 자체로 시간을 담은 상징적인 공간이다. 이 소박한 콘크리트로 만들어진 예배당은 다섯 면으로 이루어져 있으며, 가까이 다가가 보기 전까지 그 크기를 가늠하기 어렵다. 외벽을 따라 새겨진 미세한 가로선들은 하루에 50센티미터씩, 24겹의 콘크리트를 층층이 쌓아올린 과정을 그대로 보여준다. 이 겹겹의 층과 벽 곳곳에 뚫린 작

은 구멍들은 그 시간을 담아내어 예배당이 지어진 모든 날과 순
간을 영원히 간직하고 있다.

삼각형의 금속문을 지나면, 그 공간은 점점 좁아지고 폐쇄
적인 통로로 우리를 맞이한다. 이 좁은 공간은 무광의 검은색으
로 덮여 있으며 불규칙한 형태로 구성되어 있어 그 깊이는 시야
에서 멀어질수록 더욱 어둡고 깊어져 간다. 그러다 문득, 강하
게 풍기는 그을린 나무의 향이 감각을 자극한다. 위쪽의 작은 개
구부에서 스며드는 빛은 주변의 거친 벽의 수직 요철에 살짝 닿
아 그 틈을 따라 희미하게 퍼져 나간다. 이윽고, 그 공간이 마치
텐트처럼 112개의 나무 기둥들로 구성되어 있음을 천천히 깨닫
게 된다. 나무 기둥들을 둘러싸고 콘크리트를 부은 후 불태워서
그 흔적과 검은 그을음, 연기 냄새가 공간에 그대로 새겨져 있
다. 벽에 박힌 작은 유리 조각들 사이로 들어오는 빛은 이 거칠
고 깊은 어둠 속에 생기를 더하며, 연기와 그을음이 머무는 공간
에 섬세한 생명감을 불어넣는다.

우리의 몸에 새겨진 경험과 마음속에 되살아나는 기억들은
하루와 계절, 그리고 일 년 동안 빛의 변화를 통해 방 안에서 생
명처럼 깨어난다. 자연광을 가장 잘 활용한 칸은 이렇게 말했다.

우리는 빛으로부터 태어나고, 빛을 통해 계절을 느낍니다. 우
리는 오직 빛으로 환기된 세계만을 알 수 있습니다. 나에게
자연광은 유일한 빛입니다. 그것은 감정을 지니고 있으며, 사
람들 사이에 공통된 이해를 가능하게 하고, 우리를 영원한 것
과 연결시켜 줍니다.[16]

칸은 미국 시인 월리스 스티븐스(Wallace Stevens)를 인용하며, 다음과 같이 말했다. '한 위대한 미국 시인이 건축가에게 물었다. 당신의 건물은 햇빛을 얼마나 담고 있나요? 어떤 빛이 당신의 방에 들어오나요?'[17] 칸의 건물에서 방의 경험은 주로 자연광과의 상호작용 속에서 이루어진다. 엑서터 도서관에 들어서면, 중앙의 넓은 공간으로 올라가게 되며, 그곳에서 거대한 콘크리트 원형 개구부를 통해 모든 책들을 내려다볼 수 있다. 책을 찾은 후, 칸이 말한 대로 우리는 '책을 빛으로 가져가', 건물 외곽의 벽돌 틈새에 자리한 아늑한 나무 책상에 앉는다. 그곳에서 우리는 자연광 속에서 책을 읽으며, 빛과 지식의 조화로운 경험을 만끽하게 된다. 반면, 텍사스 포트워스에 위치한 칸의 킴벨 미술관(Kimbell Art Museum)(1972)에서는 벽이 아닌 천장의 확장된 콘크리트 아치들이 공간 경험을 주도한다. 이 아치들은 뜨거운 태양을 차단해 실내에 그늘이 드리우면서도, 동시에 내부로 빛을 끌어들이는 독특한 구조를 갖추고 있다. 각 아치는 중앙을 따라 빛의 선으로 갈라져, 그 빛이 아치의 곡선을 따라 부드럽게 반사되어 방 안을 은은하게 비춘다. 이 빛은 신비로움을 자아내며, 구름이 지나감에 따라 은은하게 변화하며 끊임없는 움직임을 제공한다.

마지막으로 일상적인 삶의 의식에 맞춰 세심하게 설계된 방들은 그 안에서 이루어지는 경험과 기억을 깊이 새긴다. 내부에 집중한 로스의 접근과 대조적으로, 르코르뷔지에의 초기 주택들은 일상의 의식을 외부 풍경으로 개방하고 연결했다. 빌라 사보아에서는 천창을 통해 빛이 들어오는 안방 욕실이 독특한 예이다. 외벽에 접하지 않는 유일한 공간인 이 욕실은, 타일로

마감된 긴 의자가 있는 욕조 끝 부분으로 안방 침실과 자연스럽게 분리되면서도 연결되어 있다. 이곳에 앉은 거주자는 길게 이어진 수평 창문을 통해 숲의 풍경을 감상할 수 있다. 르코르뷔지에가 그의 부모님을 위해 1925년에 제네바 호수 근처에 설계한 '작은 집(petite maison)'은, 집 안의 방들이 도로 쪽을 향한 닫힌 벽과 앞쪽에 이어진 수평 창문 사이에 배치되어 있어, 이 창문을 통해 호수 건너편의 산들이 넓게 펼쳐진 풍경을 바라볼 수 있다. 그러나 그는 집 한쪽 끝에 작은 정원을 설계하면서, 사실상 외부 공간인 이 정원을 높이 솟은 석조 벽으로 둘러싸 마치 하나의 방처럼 만들었다.

> 벽의 목적은 ……시야를 차단하는 것입니다. ……사방에 펼쳐진 압도적인 풍경은 시간이 지날수록 결국 피로감을 주기 때문입니다. ……풍경에 의미를 부여하려면 시야를 적절히 제한하고 적절한 비율로 나누어야 합니다. 벽으로 시야를 가리되, 특정 전략적인 지점에서만 벽을 뚫어, 방해받지 않는 특별한 시야를 제공해야 합니다.[18]

르코르뷔지에의 '작은 집'의 정원 방에는 산과 호수를 바라볼 수 있는 단 하나의 특별한 시야를 제공했다. 작은 사각형 창문은 마치 액자처럼 풍경을 둘러싸고 있었고, 그 창턱에는 테이블이 놓여 있었다. 이곳에서 그는 아버지가 돌아가신 후 어머니와 함께 저녁 식사를 했다.

근대 건축가들이 내부 공간을 단순히 물리적 구조로 보는 것을 넘어, 그 공간 안에서 일어나는 일상적인 의식과 사건들이 공간에 깊이를 더한다고 보았다. 이러한 시각에서 그들은 문학 작가들과도 공통점을 공유한다. 문학 작가들은 실내 공간을 단지 배경으로 그리지 않고, 그 공간이 사람에게 미치는 영향, 창의적인 삶의 방식과 얽힌 감정적, 정신적 경험을 더욱 풍부하게 해석한다. 문학 비평가 다이애나 퍼스(Diana Fuss)는 저서 『실내 공간의 감각(The Sense of an Interior)』에서 디킨슨(Dickinson), 프로이트(Freud), 켈러(Keller), 프루스트(Proust)와 같은 인물들이 '자신을 형성해 온 방'에 대해 이야기하며, 다음과 같은 서문으로 책을 시작한다.

> 특정 개인이 자신의 집에서 어떻게 창의적으로 살아가는지에 관한 건축 연구는 거의 이루어지지 않았습니다. 건축 비평은 주로 전체적인 건축 환경을 하나의 전체적인 구조로 바라보며, 그 집 안의 실제 거주자를 배제하는 경향이 있습니다……. 건축 분야에서 지배적인 경향은 다양한 형태의 주거 공간을 설계하고 만드는 방식에만 집중할 뿐, 그 공간이 실제로 어떻게 점유되고 사용되는지에 대해서는 거의 다루지 않습니다.

퍼스는 프루스트와 그의 소설 연작 『잃어버린 시간을 찾아서(À la recherche du temps perdu)』를 연구하면서, 이 작품이 단순히 '잃어버린 시간을 찾는 이야기가 아니라 잃어버린 공간을 찾는 이야기'이기도 하다고 언급하며, 다음과 같이 서술을 시작했다.

> 아마도 프루스트만큼 방의 감각 — 시간, 소리, 냄새, 질감 —을 더 잘 묘사하는 작가는 없을 것입니다……. 프루스

트가 실내 공간을 묘사하는 데 탁월한 작가라는 것은 자명한 사실입니다. 우리는 프랑스 모더니즘의 가장 영향력 있는 작가를, 마치 프루스트 자신의 이야기 속 인물을 묘사할 때 사용한 표현으로 정의할 수 있습니다. 즉, '내부에서 외부로' 작업하는 작가로 말이죠.

퍼스는 프루스트가 그의 대표작『잃어버린 시간을 찾아서』를 집필한 배경으로 자신의 침실을 언급하며, 이 작품이 작가가 머무르던 방에서의 경험과 기억을 깊이 다루고 있다고 설명했다. 이 작품은 단순한 소설을 넘어, 벤야민, 베르그송, 한나 아렌트(Hannah Arendt)와 같은 저명한 사상가들로부터 일상 생활의 정수를 탁월하게 묘사한 작품으로 찬사를 받았다.[19]

문학 비평가 마릴린 챈들러(Marilyn Chandler)는 저서『소설 속의 거주(Dwelling in the Text)』에서 미국 문학에서 묘사된 집과 그 내부 공간이 사람들에게 어떤 깊고 강력한 영향을 미치는지를 분석한다. 이 책에서는 소로, 에드가 알랜 포(Edgar Allan Poe), 나다니엘 호손(Nathaniel Hawthorne), 헨리 제임스(Henri James), 이디스 워튼(Edith Wharton), 윌라 캐더(Willa Sibert Cather), 스콧 피츠제럴드(F. Scott Fitzgerald), 윌리엄 포크너(William Faulkner) 등의 작품을 다루며, 특히, 소설 속 인물들이 방 안에서 경험하고 느끼는 것이 그들의 삶과 내면에 어떻게 깊이 새겨져 있는지 탐구했다. 챈들러는『월든』에서 초월주의 작가 소로가 매사추세츠주 월든 연못이 있는 숲속에 지은 작은 집에서의 경험을 분석하며, 소로가 라이트와 칸 같은 당시 건축가들에게 큰 영향을 미쳤다고 말했다. 소로는 자신의 작은 집에서 자립적인 삶을 추구하며 깊은 성찰을 얻었지

만, 이 집에서 느꼈던 유일한 단점 중 하나가 바로 공간의 협소함
으로 인해 사람들과의 대화나 소통이 제한된다는 점이었다. 소로
는 이를 다음과 같이 말했다.

작은 집에서 가끔 겪었던 불편함 중 하나는, 생각을 큰 소리
로 말하려 할 때면, 손님과 충분한 거리를 확보하는 것이 어
려웠다는 것입니다. 생각이 마음속에서 항해를 시작하면, 목
적지에 도달하기 전 몇 번의 여정을 거칠 수 있는 공간이 필
요하다는 걸 깨달았죠……. 우리의 문장들은 펼쳐질 공간을
원했습니다……. 대화가 점점 더 깊어지고 웅장한 톤을 띠기
시작하면, 우리는 점차 의자를 뒤로 밀어내며 결국 방 반대쪽
구석 벽에 닿게 되었고, 그제야 비로소 공간이 충분하지 않다
는 것을 실감했습니다.

이 생각은 각기 다른 방이 그 안에 머무는 사람들에게 서로
다른 종류의 사고와 행동을 유발할 수 있다는 점에서, 이후 칸의
많은 강연에서 다시 언급되었다. 워튼에 대한 연구에서 챈들러
는 다음과 같이 결론 내렸다.

등장인물(캐릭터)과 그들이 머무는 공간은 서로에게 깊이 영
향을 주고받으며, 그들이 거주하는 집들은 그들 스스로도 영
향을 반영하면서 동시에 그들에게 영향을 미칩니다……. 워
튼은 우리가 자신을 둘러싼 환경에 의존하는 정도가 점점 더
커지며, 그 환경이 결국 우리를 형성하게 된다고 시사하는 듯
합니다. 결국 우리가 어떤 사람이 되는가는 우리가 어디에서,

어떻게 사는지와 떼려야 뗄 수 없는 관계를 맺고 있는 것입
니다.[20]

라이너 마리아 릴케(Rainer Maria Rilke)의 소설『말테의 수기
(*The Notebook of Malte Laurids Brigge*)』(1910)에서는 집이 거주하는 사
람들의 경험과 기억 속에 어떻게 깊이 새겨졌는지를 생생하고
감각적으로 묘사했다. 화자는 할아버지 집을 회상하며 이렇게
말했다.

이 집은 완전한 형태로 내 안에 남아 있지 않아요. 내 기억 속
에서는 여기저기 흩어져 있을 뿐입니다. 방 하나, 또 다른 방,
그리고 그 사이를 이어주는 복도의 일부…… 마치 수많은 조
각이 내 기억 속 여기저기에 흩어져 있는 듯합니다. 방들, 그
렇게 의식적으로 천천히 내려가던 계단, 심지어 어둠 속에서
혈관 속 피처럼 흐르던 좁은 나선형 계단들까지…… 이 모든
세세한 기억들이 내 안의 내면 깊숙이 새겨져 있습니다. 이
집은 결코 사라지지 않을 것입니다. 마치 이 집의 모습이 헤
아릴 수 없는 높이에서 내 안의 깊은 곳으로 떨어져 산산이
부서져, 내 안에서 여전히 살아 움직이고 있는 것처럼 말이죠.

이후, 릴케는 같은 동네에서 철거된 아파트 건물의 파티 월
(party walls)*에 남아 있는 흔적들에 대해 묘사하며, 다음과 같이

---

* 파티 월 또는 파티션 벽은 두 인접한 건물이 공유하는 벽을 의미한다. 흔히
 아파트나 연립주택, 테라스 하우스 등에서 두 개의 독립된 건물이 경계선을

말했다.

하지만 가장 잊히지 않는 것은 그 벽들이었습니다. 그 방들이 지닌 고집스러운 생명력은 그렇게 쉽게 사라지지 않았습니다. 그것은 여전히 벽에 박혀 있던 못에 매달려 있었고, 남아 있는 손바닥만한 바닥에 머물렀으며, 작은 공간에 웅크리고 들보 아래 머물러 있었습니다.[21]

사이먼 모어(Simon Mawer)의 소설 『유리 방(The Glass Room)』에서, 유리 주택은 브르노에 위치한 미스 반데어로에의 투겐트하트 빌라(1930)를 모델로 한 건축물로, 소설 속 등장인물만큼이나 중요한 역할을 한다. 소설의 첫 장면에서, 시력을 잃은 주인공은 전쟁으로 인해 떠나야 했던 이 집에 30년 만에 다시 방문한다. 그는 자신이 그곳에서 보낸 시간을 떠올리며, 집이 지닌 기억의 무게와 그곳에 남겨진 모든 감각들을 되새긴다.

따라 함께 사용하도록 설치된 벽을 가리킨다. 이 벽은 양쪽 건물의 구조적 안정성을 제공하며, 보통 벽 두께의 절반씩 각 건물의 소유에 속하게 된다.

* 이 문장은 철거된 아파트 건물 잔해에서 여전히 살아남아 있는 방들의 흔적을 묘사하고 있다. 구체적으로, 파티 월에는 그 벽이 감싸고 있던 방들의 흔적이 남아 있으며, 그 방들이 가지고 있던 기억과 흔적이 쉽게 사라지지 않았다는 의미이다. 즉 방들이 철거되었음에도 불구하고 그곳에 살았던 사람들의 기억이나 방 자체의 존재감이 완전히 사라지지 않았다는 뜻이다. 또한, 벽에 남아 있는 못, 남은 바닥 조각, 작은 공간에 남아 있는 흔적들이 그 방들의 존재감을 나타내고 있음을 나타내고 있다. 결국 이 문장은 벽에 남은 흔적들은 물리적인 흔적일 뿐만 아니라, 그곳에 살았던 사람들의 이야기와 기억이 살아 있음을 상징적으로 나타낸다.

소리, 아주 희미한 속삭임 같은 소리만으로도 그녀는 공간의 크기를 가늠할 수 있었습니다……. 그 작은 소리 하나가 그 공기 속에 은은히 퍼지며, 그 공간의 부피와 깊이를 느낄 수 있게 해주었습니다. 그 공간이 손에 닿을 듯한 형태로 변해, 그녀의 얼굴이 그 안에 푹 잠긴 듯한 부피감을 느낄 수 있었습니다. 마치 공간이 눈 앞에 펼쳐져 있는 듯했죠. 남쪽 벽을 가득 채운 커다란 유리창으로 부드럽게 스며드는 빛, 마카사르 나무(Macassar wood)의 은은한 향이 감돌았습니다. 유리와 오닉스 벽, 하얀 천장과 상앗빛 바닥 사이에 서 있는 사람들의 존재까지도 느낄 수 있었습니다……. 눈……. 왜 그녀는 문득 눈을 떠올렸을까요? 아마도 그 빛의 특별한 감각 때문이었을 것입니다. 희미하게 바랜 잔디 위로 반사된 하늘 빛이 천장을 은은하게 비추고, 구름이 걸쳐진 흐릿한 태양빛이 바닥 위에 드리운 그 순간, 그 빛은 마치 물질이 되어 그녀를 둘러싸고 있었습니다. 부드럽고 투명한 우유 같은 감촉으로 그녀를 감싸안으며, 고요한 평화를 느끼게 해주었습니다.

소설의 말미에, 그 집에 머물렀던 또 다른 인물은 50여 년이 지나 다시 그곳을 방문한다. 그는 '유리 방을 [마치] 시간이 멈춘 듯한 장소로 경험한다. 이 공간은 빛을 마치 실제처럼, 공간의 부피를 손에 닿을 듯 구체적으로 담아내어, 시간이 흐르지 않는 영원의 한 조각' 같은 느낌을 준다. 이 사각의 틀 안에서 빛과 공간이 서로 얽혀, 고요하게도 마치 모든 것이 영원히 머무를 것 같은 공간을 만들어낸다.[22]

모어의 소설 속에 등장한 인물들은 같은 시기의 또 다른 소설인 초현실주의 작가 앙드레 브르통(André Breton)의 『나자(*Nadja*)』 (1928)의 한 구절을 인용하며, 모더니즘과 예술 분야의 배경 속에서 펼쳐지는 로맨스를 그리고 있다. 등장 인물은 자신의 친구 트리스탕 차라(Tristan Tzara)에게 자신의 유리 집(아돌프 로스가 설계한 파리에 있는 견고한 벽으로 지어진 집)이 가진 모던한 장점을 열거했다.

나는 유리로 된 집에서 계속 살 것입니다. 이곳에서는 누가 찾아오는지 언제든 볼 수 있고, 천장과 벽에 걸린 모든 것이 마치 마법처럼 그 자리에 머물러 있습니다. 유리 침대에 누워 유리 같은 시트를 덮고 잠이 들면, 결국 나라는 존재가 마치 다이아몬드 위에 새겨지듯 투명하게 드러나게 되겠지요.[*][23]

이탈리아 작가 쿠르치오 말라파르테(Curzio Malaparte)는 처음에는 이탈리아의 파시스트 정권과 협력했으나, 나중에는 그 정권을 비판하게 되면서 리파리섬에 수감되었다. 그 후, 그는 그곳에서의 경험을 이렇게 묘사했다.

오늘, 나는 그 어느 때보다도 461번 감방이 내 안에 깊이 남

---

[*] 이 문장은 유리 집에서의 생활을 비유적으로 표현한 것이다. '유리 집'은 투명하고 개방적인 삶의 방식을 상징하며, 숨길 수 없는 삶을 나타낸다. '천장과 벽에 걸린 모든 것이 마법처럼 그 자리에 머물러 있다'는 표현은 이 공간이 비현실적으로 완벽하고 안정적인 느낌을 준다는 것을 의미한다. '유리 침대와 유리 시트'는 그가 매우 투명하고 솔직한 삶을 살고 있다는 것을 의미하고, 마지막 '나라는 존재가 다이아몬드로 새겨지듯이 드러날 것입니다'라는 부분은 시간이 지나면서 자신의 진정한 모습이나 본질이 분명하게 드러날 것이라는 의미를 담고 있다.

아…… 나의 영혼 깊숙이 자리잡았다고 느낍니다. 마치 새가 새장 속을 삼킨 새처럼, 나는 그 감방을 내 마음속에 간직한 채 살아가고 있습니다. 마치 아이를 품고 다니는 임신한 여성처럼, 그 감방은 내 마음속에 자리잡아 있으며, 나의 영혼 깊숙이 뿌리내렸습니다.[24]

이탈리아로 돌아온 말라파르테는 건축가 아달베르토 리베라(Adalberto Libera)와 함께 전에 없던 독창적인 형태의 집을 설계하고 직접 건축을 지휘했다. 이 주택은 자신이 경험한 감방의 좁은 공간의 기억과 리파리섬에 있는 작은 성당인 아눈치아타(Annunziata)로 올라가는 삼각형 계단에서 영감을 받아 설계되었다. 그는 이 집을 '카사 코메 메(Casa Come Me)', 즉, '나를 닮은 집'이라고 불렀고, '돌로 만든 자화상(ritratto di pietra)'이라고 묘사했다. 이 집은 지중해로 돌출된 카프리섬의 바위투성이 곶 위에 위치해 있으며, 집으로 들어가려면 하늘로 이어지는 듯한 거대한 계단을 올라야 한다. 집의 주요 공간으로 들어서면 네 개의 커다란 창문을 통해 아래로 절벽과 광활한 바다가 펼쳐진다. 또한 벽난로 뒤에는 또 다른 작은 창이 나 있어, 배들이 좌초하지 않도록 바다를 향해 빛을 비춘다. 말라파르테는 그의 자전적 소설 『피부(The Skin)』(1947)에서 독일군 원수 롬멜(Rommel)이 그의 집 빌라 말라파르테(Villa Malaparte)를 방문하는 장면을 다음과 같이 묘사한다.

나는 그를 데리고 집 안 곳곳을 돌아다니며, 방에서 방으로 이동했습니다……. 그리고 우리가 큰 창을 통해 세계에서 가장 아름다운 풍경이 펼쳐진 넓은 홀로 돌아왔을 때, 나는 그에게 베수비오 와인(Vesuvian wine) 한 잔을 건넸습니다……. 그리고 떠나기 전, 그는 내게 이 집을 원래 이 상태로 구입했는지, 아니면 내가 직접 설계하고 지은 것인지 물었습니다. 나는 이 집을 있는 그대로 구매했다고 답했지만, 사실 그것은 진실이 아니었습니다. 그러면서 나는 마트로마니아(Matromania)의 가파른 절벽, 파라글리오니(Faraglioni)의 거대한 바위 세 개, 소렌토 반도, 세이렌의 섬들, 멀리 보이는 아말피의 푸른 해안선, 그리고 멀리서 빛나는 파에스툼의 황금빛 모래사장을 손짓으로 가리키며, '이 풍경은 내가 설계한 겁니다'라고 말했습니다.[25]

건물의 닫힌 측면, 벽의 두께를 깎아 만들어진 아늑한 공간이 마치 벽에서 접히듯 드러난다. 하늘로 나 있는 창으로 스며드는 빛이 이 공간을 부드럽게 채우며, 내부와 외부의 경계를 넘어선 중간 세계를 만들어낸다.
알토의 알토 스튜디오, 핀란드 헬싱키 티일리매키. 거리와 마주 보고 있는 회의실의 상부 조명 전시 벽의 내부 모습, 평면도 및 단면도.
2007년 3월 14일 스케치.

아홉. 외부 환경의 내부 경험

처음 들으면 역설적으로 들릴지 모르지만, 건축에서 실내 공간의 중요성을 강조하는 개념은 외부 환경의 내부 경험과 깊이 연결되어 있다. 우리의 기억 속에 남아 있는 실내 공간을 설계한 건축가들은 언제나 지역의 기후, 계절의 끊임없는 변화, 자연광, 주변 환경과의 조화를 세심하게 고려해 왔다. 그들은 이러한 외부 요소들이 실내에서 어떻게 느껴질지, 그 요소들이 실내 공간에 머무는 사람들에게 어떤 경험을 제공할 수 있을지에 대해 끊임없이 고민해 왔다.

반 에이크는 모든 공간이 심지어 도시의 광장 같은 외부 공간조차도 본질적으로는 내부 공간이라고 믿었다. 그의 주장에 따르면, 인간이 설계한 모든 공간은, 즉 실내든 실외든 방이든 거리든 모두 그 용도나 위치에 상관없이 근본적으로 내부 공간처럼 인식되고 경험되어야 한다. 즉, 오래 지속되는 건축이란 단순히 외관이나 구조를 만드는 것이 아니라, 그 장소와 환경에 뿌리를 내린 깊은 내부 공간을 형성하는 것이다. 이러한 접근은 건축 자원을 최소한으로 활용하고 환경에 미치는 영향을 줄이면서도, 주변 환경과의 조화를 통해 그 안에 머무는 사람들에게 풍부하고 지속적인 경험을 제공하는 것을 의미한다.

그러나 지난 60년 동안 지어진 대부분의 건물들은 새로운 패러다임을 따르고 있다. 이 패러다임은 실내 공간의 온도를 일정하게 유지하기 위한 기계적 냉난방 시스템을 기반으로 설계되었다. 현재 거의 모든 곳에 설치된 이 시스템은 건물을 완전히 밀폐하여 외부 기후나 환경으로부터 거주자를 단절시키고, 오직 유리창을 통해서만 외부를 시각적으로만 접할 수 있을 뿐, 실제로는 외부와 단절된다. 그 결과, 계절에 따라 자연스럽게 따뜻하거나 시원한 촉감을 제공하는 통기성이 좋고 보호적인 건축 재료와 구조에 대한 필요성은 점차 사라지고 있다. 또한, 건축에서 친밀하고 아늑한 가구 배치가 점점 사라지고 있다. 과거에는 성 제롬의 목조 서재와 같은 작은 공간이 인간의 안락함을 위한 필수적인 요소로 여겨졌다면, 오늘날 우리는 완전히 밀폐된 실내에서 온도 조절 장치에 전적으로 의존하며 생활하고 있다. 내부와 외부 환경과의 연결이 단절되면서 '실내 디자인'이라는 직업이 등장했고, 건축 또한 '마지막 6인치'에 불과한 건물의 외피와 외부 형태에만 집중하게 된 시대로 변모했다.

밀폐된 실내 공간에 기계식 공조 시스템을 설치하는 과정은 내부 경험과 외부 환경 사이의 조화를 단절시키는 두 가지 관행과 함께 이루어졌다. 하나는 기존의 자연 지형을 평평하게 다듬어 특정 장소의 특성을 무시한 사전에 설계된 평면도를 수용하는 방식이고, 다른 하나는 토착 나무와 식물을 제거하고 그 자리에 외래종 장식용 식물을 조경에 사용하는 방식이다. 이러한 두 관행은 종종 함께 이루어지며, 실내 공간과 외부 자연 환경의 유기적인 조화를 깨뜨린다. 그 결과, 지역 자원에서 얻은 건축 재료와 전통적인 건축 방식은 점차 사라지고, 어디서나 쉽게 구할 수 있는 조립식 재료와 시스템이 그 자리를 대신했다. 이러한 변화는 지역 건축 자재와 전통의 소멸을 야기했다. 대신, 전 세계 어디서나 구할 수 있는 조립식 자재와 시스템이 등장하면서, '글로벌화'된 생활 방식을 담기 위한 비맥락적이고 비자연적인 건축 양식이 떠오르게 되었다.

이렇게 지어진 건물들은 사실상 어느 곳에서나 지어질 수 있는 무국적적인 형태를 띠며, 그 결과 그 안에 사는 사람들은 말 그대로 '어디에도 속하지 않은' 상태가 된다. 반 에이크는 현대 사회가 만들어낸 가장 심각한 문제는 "어디에도 속하지 않은 공간"을 어디에나 만들어내는 능력'이라고 지적했다.[1] 이러한 건물들은 단순히 생태학적으로 '지속 가능하지 않다'는 사실보다, 이 건물들이 불행히도 내부에 거주하는 사람들에게 유리창 바로 밖에 있는 외부 환경과의 감각적 연결을 철저히 차단한다는 점에 더 큰 문제가 있다.

최근 들어 '지속 가능한' 또는 '친환경' 건축에 대한 관심은, 사실 건축과 인간 거주 방식의 역사만큼 오래된 전통적인 건축 방식을 재발견하고 재조명하는 과정이다. 이는 단순히 현대의 새로운 개념이 아니라 인간이 오랜 세월 동안 사용해온 건축 원칙들을 현대적 필요에 맞게 다시 확립하는 과정이다. 이러한 전통적 원칙은 최소한의 에너지를 사용하고, 재활용 및 재생 가능한 재료를 활용하며, 생태적 균형을 유지하는 것에 기반을 둔다.

또한 기후를 자연스럽게 조절하고, 실내에 적절한 자연광을 들이며, 환경에 미치는 영향을 최소화하면서 외부 환경과의 풍부한 상호작용을 중요시하는 것이 그 예이다.

에어컨이 보급되기 전에는 땅을 평평하게 고르거나 특정한 '조경' 방식을 도입하는 등의 방식이 거의 없었고, 전 세계적으로 동일한 건축 시스템과 재료를 사용하는 것도 일반적이지 않았다. 덕분에 모든 장소와 기후는 각기 고유한 특성을 유지했으며, 실내에 있는 사람들은 자연스럽게 외부의 자연 환경과 밀접하게 연결되어 있었다. 당시 건축가들은 기후와 자연 환경을 고려하지 않을 수 없었고, 이를 설계 과정에 적극적으로 반영해야 했다. 이러한 필요성 덕분에 초기 근대 건축가들은 생태적으로 적합한 지역 전통을 건축에 반영하려는 경향이 있었으며, 이러한 노력은 지속 가능한 설계와 건축 방법을 배우는 중요한 역할을 했다. 그 결과, 기후에 알맞게 대응하는 다양한 기술을 익힐 수 있었다.

초기 근대 건축의 대부분은 에어컨이 일반화되기 전에 주로 지어졌기 때문에, 당시 건축가들은 필연적으로 햇빛의 방향, 나무 그늘, 자연의 바람 같은 장소의 고유 특성을 고려하여 건물을 설계했다. 그들은 비가 온 뒤 숲에서 나는 흙 내음이나 새소리 같은 자연 요소들까지 경험적으로 유익하게 건축에 녹여내며 건물을 부지에 맞추고 자연과 잘 어우러지도록 배치했다. 이처럼 자연과 조화를 이루며 건축을 계획하는 방식은 최소한의 에너지와 재료로 거주자들에게 최대한의 안락함과 일상의 풍요로움을 제공하려는 건축 윤리의 일환이었다. 이러한 접근 방식은 오랜 시간 지속 가능한 근현대 건축에서 중요한 원칙으로 자리해왔다.

근대 건축은 처음부터 건물 내부와 그 공간 안에서 이루어지는 삶을 외부 환경과 긴밀하게 연결하고자 하는 이상을 추구해 왔다. 라이트는 근대 건축의 핵심 주제 중 하나로 외부를 내부로 끌어들이고, 내부를 외부로 확장하는 개념을 강조했다. 그는 '우리는 이제 더 이상 외부와 내부를 두 개의 별개의 것으로 생각하지 않습니다. 이제 외부는 내부로 들어올 수도 있고, 내부는 외부로 나가기도 합니다. 이 둘은 서로에게 속해 있습니다'라고 말했다.[2] 라이트는 일상 생활이 자연과 함께 이루어져야 하며, 자연이 실내 경험의 필수적인 부분이 되어야 한다고 굳게 믿었다.

건축물은 내부 공간에서의 인간 삶과 외부 자연이 만개하는 모습이 조화롭게 어우러질 때 비로소 그 진정한 가치를 발휘합니다. 이를 위해 건물은 삶과 자연의 균형을 섬세하게 유지하고 조화를 이루어야 하며, 그렇게 함으로써 건축물은 그 자체로 삶을 위한 완벽한 배경이 될 수 있습니다.[3]

라이트는 자신의 집을 설계할 때, 건물뿐만 아니라 부지 전체에 기하학적인 질서를 부여했다. 낮은 벽, 테라스, 계단, 기둥 및 화분 등을 통해 집을 대지에 단단히 고정시키고, 공간 구조를 주변 풍경 속으로 자연스럽게 확장하면서 동시에 풍경을 집 안으로 끌어들이려 했다. 그는 '집이 단순히 그 안에서만 존재하는 것이 아니라, 집이 위치한 그 주변 환경과 친밀한 조화를 이루고 있어야 한다'고 말했다.[4] 또한 집 내부 공간들이 하루 동안 각기

마을 가장자리에 위치한 이 학교는 투과성 있는 성벽처럼 설계되어, 도시 광장에서 자연 숲으로 이어지는 길목을 따라 확장된 로지아(loggia, 지붕이 있는 외부 갤러리나 복도)를 가로지른다. 학생들은 이 로지아를 통해 실내와 실외를 자유롭게 넘나들며, 내부와 외부에 동시에 존재하는 경험을 누릴 수 있도록 한다. 마리오 보타, 스위스 모르비오 인페리오 중학교. 2004년 9월 24일 스케치 다른 시간에 햇빛을 적절히 받을 수 있도록 배치하는 데도 세심한 노력을 기울였다.

집을 올바르게 배치하는 것은 그 집이 어떤 빛을 받게 될지를 결정하는 가장 기본적인 요소입니다……. 태양은 모든 생명의 근원이며, 집을 설계할 때, 태양의 역할을 충분히 반영하는 것이 중요합니다.[5]

라이트의 실내 공간은 거주자들이 건축(짓고 세우는 것)과 농업(땅을 돌보고 가꾸는 것) 사이의 밀접한 관계를 경험할 수 있도록 설계되었다. 그는 자신의 이상적인 집을 '자연의 집(the natural house)'이라고 칭하며, 집 내부와 외부 정원의 조화가 얼마나 중요한지 강조했다. 라이트는 '건물과 정원을 하나의 건축물처럼 만들고, 집이 정원처럼 느껴지게 하며, 하늘이 실내 공간에서 일상의 중요한 요소로 만들어야 한다'고 말했다.[6] 그의 유소니안 하우스에서 정원은 실제 대지와 설계 도면 모두에서 중심적인 역할을 하며, 전체 공간 구성의 핵심이 된다.

1935년에 라이트가 그린 유소니안 하우스의 전형적인 설계 도면을 살펴보면, 그가 의도한 '내부'와 '외부'의 관계를 이해할 수 있다. 거리에서 바라본 집의 모습은 높은 시점에서 묘사되어, 집이 주변 풍경 속에 자리한 하나의 완결된 공간으로 보이게 한다. 이는 우리가 집 밖의 영역에서 집을 바라보고 있음을 암시한다. 반면, 정원에서 본 집의 모습은 눈높이에서 그려져 있어 우리가 마치 정원 한가운데 서 있는 듯한 느낌을 준다. 우리는 집의 날개에 둘러싸인 이 공간, 즉 정원에 서 있으며, 이곳이 바로 집에서 가장 중요한 방인 셈이다.

라이트는 정원을 집과 그 안에서 일어나는 삶의 중심으로 설정하면서, 정원으로 향한 주요 유리창이 남동쪽, 남쪽 또는 남서 방향을 정확히 바라보도록 배치하는 것을 고집했다. 그는 클라이언트가 집터를 구매하기 전에 반드시 자신의 승인을 받도록 요구했으며, 이를 통해 집이 햇빛을 최적의 각도로 받게끔 배치하도록 했다. 이러한 정확한 방향 설정에 대한 그의 고집은 에너지 효율성을 높이는 실용적 측면과 햇빛을 통한 삶의 풍요로움을 강조하는 시적인 측면 모두에서 의미가 있다. 그로 인해 라이트가 지면을 평평하게 고르고 인위적으로 기후를 조절하는 것에 강하게 반대했던 것은 전혀 놀라운 일이 아니다.

나에게 에어컨은 위험한 요소라고 생각합니다……. 인위적으로 조성된 특별한 기후 속에 머무르기보다는 자연 그대로의 기후 속에서 살아가는 것이 훨씬 더 좋다고 생각합니다. 기후는 우리에게 단순한 환경 그 이상의 중요한 의미가 있습니다. 그것은 우리가 살아가는 방식, 그리고 삶 그 자체와 깊이 관련이 있는 무언가를 의미합니다.[7]

라이트는 투기를 목적으로 한 개발로 자연의 본질이 무시되는 것을 강하게 반대했다. 그는 '[건축]은 상업적 판매를 위해 자연과 분리되었으며…… 이제 그것은 투기 상품이 되었다'며 이러한 경향을 비판했다.[8] 대신 그는 설계의 진정성을 중시하며, 외부 환경과 내부 경험의 조화를 이루는 것을 강조했다. 그는 '유소니안 하우스는 부지와 환경, 거주자의 삶과 조화를 이루

는 자연스러운 건축'이라고 말했다.[9]

라이트가 대학에 진학하지 않고, 아들러 & 설리번 사무소에서 인턴으로 일하기 시작했던 시절과 현재 사이에는 개념적인 차이가 크게 존재한다. 당시 그는 '실천의 전통'*이라고 부를 수 있는 방식을 통해, 건축의 윤리적 실천에 필요한 모든 원칙을 통합하는 경험을 배웠다. 이러한 전통은 경제적, 기능적, 생태적, 건축적, 구조적, 재료적, 미적, 감각적, 사회적, 문화적 측면을 모두 아우르며, 결국 건축 공간 안에서 사람들이 느끼는 거주 경험을 형성하는 핵심적인 요소들로 구성된다. 이러한 실천의 전통을 반영한 건축은 실용성과 시적 감성을 동시에 갖추고 있다는 특징이 있다. 실용적인 측면에서는 적절성, 기능적 적합성, 제한된 에너지와 자원의 절약, 최적의 태양광 방향 설정, 지역 재료 문화와 같은 요소들을 포함한다. 반면, 건축의 시적인 측면은 지역의 기후, 환경, 문화를 반영하여 거주자가 그 공간에서 더 풍부한 경험을 할 수 있도록 하는 노력을 의미한다. 건축이란 단순히 구조물이 아니라 말 그대로 삶이 실제로 펼쳐지는 공간이기 때문에, 그 공간을 어떻게 더 깊고 의미 있게 만들 수 있을지를 고민하는 것이 중요하다.

라이트가 건축가로서 활동을 시작했을 당시, 시적이고 감성적인 요소만이 클라이언트에게 어필할 수 있는 가치 있는 요소로 여겨졌다. 이는 '실천의 전통'을 따르던 건축가들에게 실용

적 기능은 기본적인 능력으로 간주되었기 때문에, 굳이 따로 언급할 가치가 없었던 것이다. 만약 어떤 건축가가 실용적인 문제를 제대로 다루지 못한다면, 첫 설계 이후 추가 의뢰를 받을 기회는 없었을 테니 다른 업을 찾아야 했을 것이다.

라이트의 건축과 환경을 통합하는 방식에 대한 이해는 그가 사망한 지 10년 만에 건축계에서 희미해졌다. 1969년 비평가 레이너 밴험(Reyner Banham)은 로비 하우스(1909)의 독창적인 환경 조절 기능을 언급하며, 이 집의 남쪽 지붕 처마가 아래의 유리문을 따라 정확히 그늘지게 한다는 점을 지적했다. 이 사실은 건축계의 많은 사람들에게 엄청난 충격이었다. 당시 사람들은 에너지 효율성이 건축 형식의 중요한 요소로 자리잡은 것이 비교적 최근의 일이라고 믿고 있었기 때문이다. 밴험은 일 년 중 해가 가장 긴 하짓날 정오에 남쪽의 지붕 처마가 '테라스 유리 문 아래쪽 목재 부분에 정확히 그림자를 드리우는' 그 정교함에 경외감을 표했다.[10] 더불어 로비 하우스의 이 처마는 그저 미적 요소로서의 공간적 역동성과 조형적 선의 아름다움을 그대로 유지하면서도, 환경을 고려한 기능을 겸하고 있다는 점도 주목해야 한다.

오늘날 흔히 상충된다고 여겨지는 두 가지 의도가 라이트의 통합된 설계 안에서 동시에 실현되었다. 여기에서 실용적인 의도, 즉 유리창에 그늘을 만들어 에너지를 절약하는 기능은 그다지 특별하지 않을 수 있지만, 시적인 측면(공간에서의 캔틸레버의 조형적 표현)은 더욱 두드러지게 나타난다. 밴험은 또한 오늘날 우리가 '패시브'라고 부르는 여러 환경 조절 장치들을 언급했다. 예들 들어, 집안의 열기를 배출하는 큰 굴뚝은 매립형 조명에서 발생하는 뜨거운 공기를 포함한 집 안의 열기를 배출하는 기능을 겸한다.

그러나 밴험이 언급하지 않은 중요한 점이 하나 있다. 그것은 바로 겨울철 동지, 즉 해가 가장 짧은 날 정오에 로비 하우스에 머물러 보면 누구나 경험할 수 있는 현상이다. 여름에 정확하게 그늘을 드리우던 남쪽 처마가 겨울철에는 낮게 뜬 햇빛이 거실과 식당을 가로질러 북쪽 벽의 밑부분을 부드럽게 비추며 햇빛이 콘크리트 바닥 전체를 따뜻하게 감싸는 순간을 만들어낸다.

존 듀이는 저서 『경험으로서의 예술』에서 인간이 무언가를 만들고 건설하려는 최초의 동기는 '환경과의 조화 상실'에서 비롯된다고 말하며, 이 조화를 되찾으려는 열망이 창조의 원동력이 된다고 주장하였다. 그는 베르그송과 마찬가지로 다음과 같이 주장했다.

우리는 무의식적으로 모든 경험이 분명한 시작과 끝, 확실한 경계를 가진다고 믿습니다. 그리고 이러한 믿음은 경험 자체에 대한 우리의 생각에도 스며듭니다. 물건이나 사건이 그렇듯, 경험 역시 딱 떨어지는 명확한 경계가 있다고 생각하는 거죠. 하지만 사실, 가장 일상적인 평범한 경험조차도 무한한 배경 속에 펼쳐져 있습니다. 우리의 인식과 움직임에 따라 그 배경은 계속해서 변화하며, 그 무한한 감각과 느낌은 점점 더 생생해지고 강렬해집니다. 이처럼 우리의 경험은 고정된 틀에 제한되지 않고, 우리와 함께 움직이는 경계 안에서 살아 숨쉬고 있습니다.

듀이는 경험의 특성이나 본질이 순간적인 사진으로 포착될 수 있다는 생각에 의문을 제기하며, '순간적인 경험은 생물학적으로나 심리적으로나 불가능하다'고 말한다. 그는 실제로 건축물이 자연 재료로 만들어지고, 자연과 깊은 관련을 맺고 있기 때문에, 다른 예술 작품보다 '존재의 안정성과 지속성을 가장 잘 표현한다'고 주장한다. 이는 마치 라이트가 설계한 주택을 떠올리게 한다. 듀이는 중앙에 자리한 거대한 난로, 서로 얽히고 설킨 벽, 모호한 경계를 이루는 돌출된 처마가 거주자를 포근히 둘러싸고 있는 듯한 공간으로 묘사했다.

우리가 환경 속으로 더 깊이 들어갈수록, 위치는 단순히 하나의 지점에서 벗어나 점차 부피와 형태를 지닌 공간으로 확장됩니다. 주변 환경의 압력으로 인해 물질은 위치 에너지로 압축되며, 이때 물질이 수축할수록 남겨진 공간은 더 넓어집니다. 이렇게 생긴 공간은 우리에게 새로운 움직임과 더 많은 기회를 제공합니다.[11]

바슐라르는 저서 『공간의 시학』의 마지막 장 「안과 밖의 변증법(*The dialectics of Outside and Inside*)」에서, 우리가 공간을 경험하는 방식과 공간의 그 시적 의미를 단순히 내부와 외부라는 이분법적 대립이나 상호 보완 관계로 이해하는 것에 반대한다. 그는 이 두 개념이 사실 더 깊고 복잡하게 얽혀 있으며, 서로를 완전히 구분할 수 없는 상태로 긴밀하게 연결되어 있다고 주장한다.

우리가 경험하는 내부와 외부는…… 더 이상 단순히 서로를 보완하는 관계로만 이해할 수 없습니다. 우리가 존재를 처음으로 표현하는 방식을 물리적인 경계로만 정의하지 않고, 보다 더 구체적이고 실질적인 경험의 관점에서 이해하면, 내부와 외부의 관계는 단순한 대립이나 상호 보완을 넘어서, 무수히 많은 뉘앙스로 확장한다는 것을 깨닫게 될 것입니다.[12]

바슐라르는 우리가 내부 공간을 경험하는 유일한 방식이 외부와의 관계 속에서만 가능하다는 사실을 상기시켜 준다. 건축은 내부 공간과 외부 환경이 겹치고 이어지면서 만들어지는 경험의 장이 된다. 이러한 경험을 통해 우리는 두꺼운 벽이 주는 안정감, 창가의 아늑함, 현관의 환대, 지붕이 있는 테라스에서 느껴지는 자연과의 연결감 등 내부와 외부가 자연스럽게 어우러진 공간에서 살아가며 이를 느낄 수 있게 된다.

알토는 고전적인 학문 교육을 거쳐 실무에 뛰어들던 시기에 핀란드 신문과 저널에 여러 기사를 연재했다. 특히 그의 후반 경력에 가장 중요한 영향을 미친 기사 중 하나는 내부와 외부 사이 공간의 중요성을 다룬 글이었다. 1926년, 그는 프라 안젤리코(Fra Angelico)의 작품 〈수태고지(*The Annunciation*)〉를 주제로 쓴 「현관에서 거실까지(From Doorstep to Living Room)」라는 제목의 논평에서, 문 자체의 형태나 구조보다 방으로 발을 들여놓는 인간의 행동과 그 경험에 초점을 맞추며, 인간이 공간을 어떻게 경험하는지에 대한 이해를 강조했다.

이 그림은 '방에 들어가는 순간'을 이상적인 모습으로 묘사하며, 인간과 방, 그리고 정원이 하나로 통합된 이상적인 집의 이미지를 보여줍니다……. 특히 이 장면에서 두 가지가 뚜렷하게 드러납니다. 방과 외벽, 정원이 하나로 어우러져 인간의 존재를 더욱 강조하고, 그녀의 마음 상태까지 표현하고 있다는 점입니다……. 정원이나 안뜰은 다른 방들과 마찬가지로 집의 중요한 일부를 이루고 있습니다.

알토는 전년도에 지어진 르코르뷔지에의 파빌리온 드 에스프리 누보(Pavillon de l'Esprit Nouveau)의 지붕 덮인 테라스 사진을 소개하며 이렇게 물었다. '이것은 외부를 향해 아름답게 열려 있는 홀인가요, 아니면 집 안에 자리한 정원, 즉 정원 방인가요?' 그는 이어서 넓고 밝은 중앙의 안뜰-홀이 다른 방들과는 다른 크기를 지니면서 집 안으로 신선한 공기를 끌어들일 수 있다고 말하며 이러한 공간은 '외부와 내부의 경계에 있는 공간'으로서 집 안의 한 부분이 될 수 있다고 주장했다.[13]

알토는 내부 공간과 외부 환경의 관계를 다양한 규모로 확장하여 자신의 작품에 반영했다. 그의 주택들은 북유럽의 자연을 배경으로 전통적인 생활 방식을 새롭게 해석하고 확장하는 요소를 포함하고 있었다. 특히 작은 나무로 만들어진 사우나 공간을 강조했다. 이 공간은 완전히 어두운 공간으로, 열기와 연기로 가득 차 있다. 이로 인해 시각이 제한되기 때문에 청각, 후각, 미각, 그리고 무엇보다도 촉각을 통해서만 공간을 경험하게 된다. 이러한 환경은 사람들을 내면으로 집중하게 하고, 자신의 신체 리듬에 몰입하도록 만든다. 이러한 경험은 겨울의 차가운 하얀 설경 속에서 얼어붙은 호수의 차디찬 물에 몸을 담그는 순간과 어우러져 더욱 깊고 독특한 의미를 갖게 된다.

알토는 핀란드의 전통적인 농가, 특히 단일 공간으로 이루어진 '투파(tupa)에 주목했다. 이 농가는 북극 긴 겨울 속에서 어둠을 밀어내며 내부에 고유한 세계를 형성한다. 작은 방의 아늑한 공간에서부터 큰 방의 웅장함에 이르기까지 다양한 규모로 확장되며, 하나의 공간에 일상 생활의 모든 면이 녹아들어 있다. 핀란드의 화가 아크셀리 갈렌-칼렐라(Akseli Gallen-Kallela)의 1889년 작품 〈첫 수업(First Lesson)〉에서 묘사된 장면처럼, 농가의 두꺼운 통나무 벽을 뚫고 만들어진 작고 깊은 창문을 통해 차갑고 푸르스름한 빛이 들어오고, 그 빛 아래에서 책을 읽고 있는 아이의 모습이 그려진다. 벽난로에서 나오는 희미한 붉은 빛은 아버지의 얼굴을 은은하게 비춘다. '투파'는 벽난로, 난로, 오븐을 중심으로 따스하게 모여드는, 마치 '숲의 자궁'과도 같은 공간이며, 거주자의 몸과 함께 호흡하는 나무로 둘러싸여 있다. 이곳에서 사람의 몸은 벽, 바닥, 천장에 맞춰진 가구와 침대에 자연스럽게 녹아들고, 일상과 자연이 함께 어우러진 공간의 친밀함을 경험하게 된다.

알토가 브로이어가 디자인한 금속 프레임 가구를 비판한 사례에서, 주변 환경과 실내 공간 간의 미묘한 관계를 엿볼 수 있다. 알토는 1928년에 자신의 아파트에 몇 개의 브로이어 의자를 들였는데, 북유럽의 겨울 동안 차가운 금속 프레임이 몸의 열을 빼앗아 사용자에게 불편함을 준다는 사실을 경험했다. 이 경험을 통해 알토는 따뜻한 촉감을 제공하는 구부린 나무로 만든 가구와 가죽으로 감싼 문 손잡이, 나무로 감싼 철제 기둥 등을 개발하게 되었다.

미국 건축사학자 데이비드 레더배로우(David Leatherbarrow)는 내부 공간과 외부 환경이 겹치고 서로 스며드는 경험, 그리고 그 경험이 근현대 건축에 미치는 영향을 깊이 있게 탐구했다. 그는 앞서 살펴본 라이트, 르코르뷔지에, 로스가 제안한 세 가지 내부 공간 개념에 대해 다음과 같이 언급했다.

라이트, 르코르뷔지에, 로스는 모두 공간을 단순히 구획하는 대신, 공간을 유연하게 열어 두는 공간 개념을 제안했습니다……. 이들의 설계는 각 방이나 건물이 그 자체의 경계를 넘어서 주변 환경과 자연스럽게 하나로 이어지도록 하거나, 외부의 풍경과 특성을 실내로 끌어들여 새로운 차원의 공간적 경험을 제공하는 방식을 보여줍니다.[14]

레더배로우는 근대 건축을 단순히 내부와 외부가 자유롭게 이어져 두 공간의 실질적인 경계가 흐려진다고 보는 견해에 반대하며 다음과 같이 말했다.

근대 건축의 목적은 내부와 외부의 경계를 없애고 두 공간을 서로 자유롭게 연결되도록 만드는 것이 아닙니다. 오히려, 근대 건축은 이전의 건축보다 그 경계를 훨씬 더 섬세하고 복잡하게 다루고 있습니다. 내부와 외부의 경계는 구조적 프레임을 채택한다고 해서 사라지는 것이 아니라, 오히려 그 경계가 더욱 두터워지고 다층적인 구조로 변화하여, 공간을 풍부하게 만들고 다양한 경험을 가능하게 합니다.[15]

레더배로우는 그의 저서 『언커먼 그라운드(*Uncommon Ground*)』에서 모더니즘 풍경과 건축 간의 관계를 깊이 연구하며 다음과 같이 주장했다.

건축의 형태와 지형은 비록 그들이 서로 조화를 이루도록 설계되었더라도, 본질적으로는 서로 다른 개념으로 이해해야 합니다. 이 두 가지 간의 대조는 특정 장소 내에서 다양한 요소들이 함께 어우러져 풍성한 경험을 제공하고, 그로 인해 극적인 긴장을 만들어냅니다.

레더배로우는 라이트의 '상자 깨기(breaking the box)'와 근대 건축이 내부와 외부 공간의 경계를 허무려는 노력에 대한 기존 논의와는 다른 시각을 제시했다.

단순히 벽을 제거한다고 해서 내부와 외부의 구분이 사라지는 것이 아닙니다, 대신 창문이 있는 벽, 캔틸레버 구조, 돌출된 슬래브 같은 요소들을 통해 이 경계는 새롭게 재구성됩니다. 또한 테라스와 방 사이의 '열 이동(온도 변화)'을 가속화하고 조절하는 장치를 사용함으로써 그 구분은 오히려 더욱 명확해졌습니다.

레더배로우는 건축의 내부와 외부 공간이 본질적으로 다른 유형의 공간이라는 점을 강조했다. 그는 '풍경과 건축물은 구분되어야만 서로 얽힐 수 있으며, 서로 다를 때에만 두 공간이 서로를 보완하고 결합할 수 있다'고 주장했다. 이러한 내부와 외부의 경계를 더욱 깊이 있게 만드는 요소들은 창가 자리, 현관, 테라스, 안뜰과 같은 중첩된 공간에서 잘 드러나며, 이러한 요소들이 내부와 외부 두 공간을 자연스럽게 하나로 연결하여 두 공간이 융합된 진정한 경험을 제공한다.

이러한 설계는 사람들이 집 안과 밖, 내부와 외부 사이의 경계를 이루는 중간 공간에 머물 수 있도록 합니다……. 건물의 가장자리는 주변의 온기나 시원함과 같은 감각적 특성을 필요에 따라 반대 상태로 전환할 수 있도록 디자인되었습니다. 여름에는 더운 공기를 시원하게 하고, 겨울에는 따뜻한 공기를 보존해줍니다. 마찬가지로 지나치게 밝은 빛의 눈부심과 어둠도 적절하게 조절해줍니다. 건물의 벽은 내부와 [외부] 공간이 서로 필요로 하는 것을 제공할 수 있도록 연결해주는 역할을 합니다. 마치 피부가 숨을 쉴 수 있도록 하면서도 따뜻함을 유지할 수 있게 하는 이불처럼, 이러한 설계는 사람들에게 안락하고 쾌적한 환경을 제공합니다.[16]

르코르뷔지에는 경력 초기부터 내부와 외부의 전통적인 구분을 반대했으며, 1930년에 다음과 같이 말했다.

우리가 설계하고 있는 프로젝트는 결코 독립적이지도, 고립되어 있지도 않습니다. 이 프로젝트를 둘러싼 공기는 또 다른 표면과 바닥, 천장을 형성합니다……. 하나의 프로젝트는 단순히 독립적으로 존재하는 것이 아니라, 그 주변 환경도 함께 존재합니다. 환경은 마치 하나의 연속된 공간처럼 우리를 완전히 감싸고 있으며…… 외부는 곧 내부입니다.[17]

콜로미나는 르코르뷔지에의 발언, "'외부는 항상 내부이다'"에 대해, 이 말은 단순히 내부와 외부가 대립되는 경계로 정의되는 것이 아니라는 것을 의미한다고 해석했다. 그녀는 외부가 주거 공간 안에 "새겨져" 있다'고 설명하며, 외부가 거주 공간에 자연스럽게 통합된다는 점을 강조했다.[18] 르코르뷔지에는 후에 인도에서 여러 프로젝트를 진행하면서, 근처의 돔이 보이는 오래된 인도 건물의 안뜰을 두고 '매우 흥미로운 내외부 공간'이라고 묘사했다.[19]

르코르뷔지에의 '내외부' 개념은 아르헨티나 라플라타에 위치한 쿠루쳇 하우스(Curutchet House, 1949)에서 뚜렷하게 나타난다. 이 주택은 커다란 나무를 둘러싼 수직 안뜰을 중심으로 뒤편에 자리잡고 있으며, 집 주인의 병원은 도로를 따라 한 층 위로 올려져 있다. 방문객은 병원 건물 아래를 지나 안뜰로 들어가고, 램프를 따라 위층의 집으로 올라가게 된다. 그 후 다시 안뜰을 가로지르는 다리를 건너 병원 옥상에 위치한 지붕이 있는 테라스에 이르게 되며, 그곳에서 거리와 안뜰 모두를 동시에 내려다볼 수 있다. 이 주택에서는 일상 생활과 업무 공간이 안뜰의 외부 공간뿐만 아니라 길 건너편의 공원과도 자연스럽게 얽혀 있는 독특한 경험을 제공한다. 팔라스마는 이 주택을 방문한 경험을 다음과 같이 표현했다.

이 주택은 정말 특별한 공간감을 선사합니다. 모든 방향, 즉 위아래, 앞뒤, 좌우에서 방문자를 감싸며 따스하게 품어주는 느낌을 줍니다. 바슐라르의 표현을 빌리자면, 마치 '요람'처럼 당신을 따스하게 감싸안는 듯한 공간입니다. 이 집은 구조적으로도 마치 만다라(mandala)*처럼 세심하게 설계되어, 세 개의 층과 테라스, 램프, 계단들이 집의 중앙에 위치한 거대한 나무를 감싸고 있습니다. 이 나무는 집의 중심을 차지하며, 마치 원초적인 거주자처럼 존재감을 지니고 있습니다. 주택은 공원을 마주한 건물들 사이에 위치해 있으며, 열린 공간을 통해 세상 저 너머를 향해 뻗어 있습니다. 지구 반대편에서 이 주택을 방문하고 집으로 돌아오는 동안, 내 몸의 감각이 이 집의 공간적 경험에 의해 새롭게 조율된 것을 느꼈습니다. 그 공간에서의 경험은 너무나 강렬하고 인상적이어서, 몇 주 동안 내 몸이 이 집을 통해 중력과 수평선, 각 방향을 새롭게 경험하는 듯한 기분이 들었습니다.[20]

근대 건축에서 외부 환경을 내부에서 경험하는 개념은 도시 개념까지 확장되었다. 이 개념을 가장 명확하게 설명한 사람은 반 에이크이다. 그는 모든 거주 공간, 심지어 외부 공간조차도 본질적으로 내부 공간으로 간주해야 한다고 주장했다. 즉 인간이 설계한 모든 공간, 내부든 외부든, 방이든 거리든, 모두 근본적으로 내부 공간으로 개념화되고 경험해야 한다는 것이다. 반 에이크는 아프리카 문화 특히 도곤족(Dogon) 마을을 연구하며 인류가 '외부에 있던 것을 내부로 가져오고 멀리 있던 것을 가까이 두어 우주를 내부화 했다'고 주장했다. 그는 바구니, 그릇, 항아리, 석

관, 집, 사원, 광장, 도시 등의 다양한 형태로 우주가 내부화되었다고 설명했다. 하지만 반 에이크는 근대 도시 계획에 대해 평생 비판적이었으며, 흔히 사용되는 평행하게 배치된 주택들이 주변에 애매하게 정의된 외부 공간, 즉 '텅 빈 공간'을 만들어냈다고 보았다. 그는 이러한 공간들은 거주를 위한 진정한 안식처가 되지 못하며, 오히려 거주자에게 '불확실하고 불안정한 안식처'를 제공한다고 말했다.

나는 현재의 도시 계획에 강력히 반대하는 입장입니다. 오늘날의 도시 계획은 공간의 경계를 모호하게 만들어, 그 결과 공간이 너무나 연속적으로 되어 오히려 독립된 공간을 형성하지 못하게 하여 진정한 공간이 형성되지 않습니다……. 이제 우리는 도시의 광장에서 더 이상 '환영받는' 느낌을 받지 못하게 되었습니다.

반 에이크는 근대 건축과 도시 디자인이 지닌 한계를 다음과 같이 매우 인상적인 방식으로 표현했다. 그는 '근대 건축은 숨을 내쉬려 애쓰면서도 들이쉬지 않으려 합니다……. 둘러싸지 않고는 열릴 수 없습니다'라고 말하며, 개방성은 오히려 둘러싸임을 통해서만 실현된다는 역설적인 개념을 제시했다. 이 말은 근대 건축이 공간의 경계를 지우려는 경향을 비판한 그의 견해와 직결된다. 반 에이크는 모든 거주 공간을 근본적으로 내부 공간으로 간주하며, 이러한 개념을 더욱 강조했다.

지난 30년 동안 건축과 도시 계획은 내부와 외부의 경계를 흐리게 만들어, 사람들에게 내부 공간에서도 외부 공간의 느낌을 주려는 시도를 해왔습니다. 이는 본질적인 공간의 차이를 지우려는 시도와 맞물려, 오히려 혼란을 더욱 키웠습니다. 건축과 도시 계획은 외부와 내부 모두에서 '내부' 공간을 창조하는 작업을 의미합니다. 본래 '외부'는 인간이 개입하기 전의 자연 상태이며, 인간의 손길을 통해 이를 내부화하여 조화로운 공간으로 만드는 것입니다.[21]

반 에이크에게 중요한 것은 공간 자체가 아니라, 그 공간에서 사람들이 느끼는 내부 경험과 그 경험이 지닌 깊이와 퀄리티였다. 그는 '결국 중요한 것은 공간 그 자체가 아니라, 그 공간에서의 경험이며, 무엇보다도 그 공간 내부의 지평선이 중요하죠. 그 지평선은 물리적 공간 안에서 느끼는 감각적, 감정적, 지적 경험의 모든 차원을 의미합니다. 그곳이 내부든 외부든 상관없이 말이죠'라고 말했다.[22]

거주자가 자연 채광과 숲을 향해 확장되는 일련의 공간 볼륨 속에서 머무는 내부 경험을 통해 형성되었으며, 예배 중에는 핀란드 풍경이 청각적 메아리를 통해 반향되어, 마치 자연이 공간 안으로 스며드는 듯한 깊은 경험을 선사한다.
알토, 핀란드 이마트라 부오크세니스카의 세 십자가 교회. 성소 내부(위), 단면도와 평면도가 겹쳐진 모습(아래).
1983년 9월 18일 스케치.

결론. 건축의 시작과 끝으로서의 공간 경험

건축의 근본적인 영감의 원천이자 건축의 존재 이유는 바로 실
내 공간과 그 안에서의 경험에서 비롯되며, 이는 건축 디자인의
가장 중요한 결정 요소이다. 따라서 건축을 평가하는 가장 적절
한 방법은 우리가 실제로 그 공간 안에서 느끼고 경험하는 방식,
특히 내부 공간을 어떻게 사용하는지에 대한 방식에 중점을 두
어야 한다. 이러한 관점에서 내부 공간이 주는 거주적 특성은 건
축을 구상하고 설계하는 과정에서 최우선으로 고려해야 하며,
실제로 건물을 세우고 완성하는 과정, 그리고 완성된 건축물을
경험하고 평가하는 과정에서도 마찬가지이다. 이러한 개념은 건
축 설계의 궁극적인 목표가 거주자들에게 실내 공간에서 풍부
하고 깊이 있는 경험을 제공하는 데 있음을 명확히 하며, 실내
공간에서의 공간 경험이야말로 건축 작품의 퀄리티를 평가하는
가장 중요한 기준이라는 사실을 강조한다.

　　그럼에도 불구하고, 현재의 대다수 건축 연구와 건축 역사

에서는 주로 건축 양식이나 혁신적인 외형에만 주목하는 경우가 많았다. 이러한 접근은 주로 건물의 외관과 형태에만 초점을 맞추고, 그 안에서 일어나는 공간 경험을 거의 무시하는 경향이 있다. 그 결과, 많은 건축가들이 실질적으로 중요한 내부 공간 경험에 대해서는 깊이 고려하지 않는 듯 보인다. 이는 실제로 그 공간을 사용하는 사람들에게 가장 중요한 요소가 바로 그 내부 경험임에도 불구하고, 내부 공간이 설계에서 종종 부차적인 요소로 다뤄지는 문제를 낳았다.

근대 건축 초기에 일찍이 아일랜드 출신의 건축가 아일린 그레이(Eileen Gray)는 건축에서 외부 형태를 강조하는 경향이 실내에서 이루어지는 삶을 소홀히 한다고 지적한 바 있다. 평생 프랑스에서 건축 활동을 해온 그레이는 1929년 로크브륀느카프마르탱(Roquebrune-Cap-Martin)에 자신과 연인이었던 건축가 장 바도비치(Jean Badovici)를 위해 설계한 주택 'E.1027'을 통해 이 생각을 구체화했다. 이 주택을 설명하며 그레이는 르코르뷔지에가 추구했던 건물 외벽에 드리우는 빛과 그림자 효과에 대해 직접 언급했다.

외부 건축은 마치 집이 그 안에 사는 사람들의 행복보다는 시각적 아름다움을 위해 설계된 것처럼 보입니다. 이는 내부 공간의 중요성을 간과하고, 사람들에게 진정으로 필요한 공간을 희생시키는 결과를 초래합니다. 건축물 외부는 대낮의 빛 속에서 형태들이 어우러져 시적 표현을 만들어내는 것이 중요한 것이라면, 실내 공간은 거주자의 필요와 그들의 삶의 요구를 충족시키며, 평온함과 친밀함을 제공해야 합니다.

……무엇을 만들 것인가는 어떻게 만들 것인가보다 더 중요한 문제이며, 계획은 그 과정의 기초가 되어야지 그 반대가 되어서는 안 됩니다. 중요한 것은 단순히 아름다운 선들을 배열하는 것이 아니라, 무엇보다 사람들을 위한 진정한 거주 공간을 만드는 것입니다.[1]

그레이는 초기 근대 건축에서 발견한 지나치게 정형화되고 형식적인 경향에 대한 비판적이었다. 그녀는 건축 디자인이 특정한 공식을 따르는 것이 아니라, 각각의 장소와 그곳에 머무는 사람들의 풍요로운 내면적 삶에 맞춰 지속할 수 있는 분위기를 조성해야 한다고 주장했다. 그레이는 '공식은 무의미하며, 중요한 것은 삶이다. 그리고 진정한 삶이란 마음과 정신이 하나로 어우러진 것'이라며, 삶의 감각과 경험을 건축의 중심에 놓아야 한다고 강조했다.[2]

르코르뷔지에가 사망한 1965년 건축사학자 에두아르드 세클러(Eduard Sekler)는 건축과 건축 비평이 그 안에서 이루어지는 삶에 의해 규정되고 형성되어야 한다는 그레이의 주장을 반영했다. 그는 '건축 비평은 건축적 경험을 전체적으로 해석하는 방향으로 나아가야 하며…… 그런 시도는 존재의 충만함에서 시작하여 다시 그 충만함으로 돌아갈 때 가장 성공적일 것이다'라고 언급했다.[3] 그의 말처럼, 오늘날 적절한 건축 설계를 하고 우리가 살아가는 공간을 제대로 이해하려면, 새로운 정의가 필요하다. 이 정의는 단순히 건축 외관 양식에 집중하기보다는 전통, 장소성, 그 안에서 이루어지는 실제 공간 경험에 중점을 둔다. 따라서 건축을 평가하는 기준은 외부 형태가 아니라 그 내부 공간이 그곳에 거주하는 사람들에게 제공하는 경험에 있으며, 이로 인해 공간 경험과 이를 실현하는 건축 디자인 과정에 대해 보다 포괄적이고 의미 있는 분석이 가능해진다.

이 책에서 제시하는 접근법은 전통적인 학문 연구 방식에서 벗어나 실내 공간에서의 실제 공간 경험을 출발점으로 삼고자 한다. 전통적인 연구 방식은 대개 연구 대상을 보다 깊이 이해하게 한다기보다는 오히려 거리감을 만들어내는 경향이 있기 때문이다. 이와 달리, 이 접근법은 특별한 훈련이나 기술이 필요 없으며, 존 듀이가 말한 것처럼, 경험이 단순하지만 중요한 일상의 일부라는 이해에 기반을 둔다. 이 책의 목적은 학자, 비평가, 실무자, 건축 공간에 실제로 거주하는 사람들의 관점을 하나로 통합하는 새로운 비평적 접근을 제안하는 것이다. 이들 각자가 서로 다른 언어와 관점을 사용하는 만큼, 이러한 통합적 접근은 중요한 시도라 할 수 있다.

건축에 대한 수많은 논의와 글이 존재하지만, 실제로 건축 내부 공간을 경험하는 사람들이 느끼는 진정한 삶의 느낌은 비평적 담론에서 거의 다루어지지 않고 있다. 이는 건축 교육과 실무, 공공 담론에서도 마찬가지이다. 이러한 부재는 근본적으로 중요한 문제이며, 최근 건축의 퀄리티와 적절성이 일상 생활을 영위하는 사람들에게 점점 더 무의미하게 느껴지는 이유 중 하나임이 분명하다. 건축이 본래 추구하는 목적이 내부 공간에서 우리의 일상 경험을 풍요롭게 하는 것임을 감안할 때, 이러한 무관심은 건축의 진정한 의미와 가치를 퇴색시키는 요소가 될 수 있다.

알토는 건축에서 진정 중요한 것은 건물이 완공된 날의 모습이 아니라, 그 공간에서 살아가는 경험이 시간이 흐른 뒤 어떻게 형성되는가에 있다고 분명히 밝혔다. 최근, 건축가 스티븐 홀 역시 비슷한 관점을 제시하며, 외관의 단순함과 고요함이 내부 공간의 풍부한 경험과 조화롭게 대조될 때 건축이 완성된다고 강조했다. 그는 '외관의 무심함이 내부 공간의 감동과 함께할 때 비로소 완벽해집니다. 이것이 내부 경험을 중심으로 외부와 균형을 이루는 올바른 비율을 갖추는 것입니다'라고 말했다.[4] 이러한 내부 경험의 중요성을 강조하는 것은 건축의 교육 과정에서의 기본적인 윤리 원칙을 재발견하는 것을 의미한다. 반 에이크가 건축을 단순히 공간과 시간의 개념으로만 정의하는 시도를 비판하며, '공간과 시간이 무엇을 의미하든, 장소와 기회는 그보다 더 중요한 의미를 지닙니다. 왜냐하면 인간의 관점으로 본 공간은 곧 장소이며, 시간은 기회이기 때문입니다'라고 강조했다.[5] 그는 우리의 삶 속에서 일어나는 사건들이 내부 공간에서 형성되는 '기회'라고 보았으며, 궁극적으로 건축이란 사람들이 진정으로 편안함을 느끼고 머무를 수 있는 '집' 같은 공간의 경험을 제공하는 것, 즉 내부에서의 경험을 풍부하게 만드는 것에 있다고 주장했다.

칸은 건축의 본질에 대한 깊은 성찰을 이어가며, 단순히 기능을 채우는 것을 넘어선 공간 경험의 중요성을 설계 과정에서 어떻게 구현할지에 대해 깊이 고민했다. 칸은 건축이 단지 미리 정해진 공간의 기능적인 요구 사항에서 시작되는 것이 아니라, 오히려 본질적으로 내부 공간의 영감에서 출발한다고 주장했다. 그는 '공간이 프로젝트를 이끕니다. 공간이 존재하면 어떤 일이 발생하고, 그때 비로소 프로그램이 시작되는 것입니다. 공간을 만들기 전에 프로그램은 존재하지 않습니다'라고 말하며, 건축이 단순히 기능을 채우는 것 이상의 경험을 제공해야 한다는 신념을 보여준다[6]. 칸의 이러한 통찰이 건축 실무와 교육에서 상대적으로 주목받지 못한 것은 안타까운 일이다. 이는 일반적인 설계 과정이 기능적 요구 사항을 먼저 결정하고, 이후에야 내부 공간을 구상하는 관행과 연관이 있다. 칸은 이에 반대하며, 건축가가 설계를 시작할 때 고려해야 할 것은 공간의 기능적 요구사항이 아니라 '방'이라는 내부 공간의 본질적인 개념, 곧 경험의 장소로서의 공간이어야 한다고 주장했다. 이러한 내부 공간에 대한 개념이 정립되면, 이후 기능의 구체화, 디자인, 재료 선택, 부지 선정 등 설계의 모든 단계에 방향성과 의미를 부여할 수 있다고 강조했다.

이 책은 건축 설계가 단순히 외부 형태의 미적 논의에서 벗어나, 내부 공간의 본질과 그 안에서의 공간 경험, 즉 내부에서 일어나는 일상 생활 감각에 초점을 맞추어야 한다고 주장한다. 건축의 본질적이고 근본적인 목적은 건물의 외부 모습이 아니라, 내부 공간이 어떻게 구성되고 그 안에서 일상 생활이 어떻게 펼쳐지며 각 방들(공간들)이 그 장소의 역사와 거주 경험을 어떻게 반영하고 있는지 내부 공간이 주변의 자연 환경-풍경, 기후, 빛과 조화롭게 상호작용해야 한다는 점을 강조한다. 각 방이 어떤 방식으로 지어지고, 어떻게 구성되며, 어떤 재료로 만들어졌는지 그리고 이 모든 요소들이 모두 어우러져 그 공간을 사용하는 사람들에게 어떤 경험을 제공하고 어떤 영향을 미치는지가 무엇보다 중요하다. 오늘날 우리는 내부 공간 경험이야말로 건축 설계의 시작이자 영감의 원천이며, 궁극적으로 모

든 건축의 목표와 평가 기준이라는 고대의 지혜를 되돌아볼 필
요가 있다.

| 참고문헌 |

Aalto, Alvar, Alvar Aalto in His Own Words, ed. Göran Schildt (New York, 1997)

Adorno, Theodor, Minima Moralia (London, 1974)

Amaldi, Paolo, Espaces (Paris, 2007)

Appleton, Jay, The Experience of Landscape (New York, 1975)

Arendt, Hannah, The Human Condition (Chicago, IL, 1958)

Arnheim, Rudolf, The Dynamics of Architectural Form (Berkeley, ca, 1977)

Bachelard, Gaston, The Poetics of Space, trans. Maria Jolas (Boston, ma, 1969)

Baltanás, José, Walking Through Le Corbusier (London, 2005)

Banham, Reyner, The Architecture of the Well-tempered Environment (Chicago, il, 1969)

Benjamin, Walter, Illuminations, ed. Hannah Arendt (New York, 1969)

Berger, John, John Berger: Selected Essays, ed. Geoff Dyer (New York, 2001)

Bergson, Henri, Matter and Memory [1908 edn], trans. N. M. Paul and W. S. Palmer (New York, 1988)

_______, Time and Free Will, trans. F. L. Pogson (London, 1913)

Blau, Eve, and Nancy Troy, eds, Architecture and Cubism (Cambridge, ma, 2002)

Breton, André, Nadja, trans. Richard Howard (New York, 1960)

Breuer, Marcel, Marcel Breuer: Sun and Shadow, The Philosophy of an Architect, ed. Peter Blake (London, 1956)

Caan, Shashi, Rethinking Design and Interiors: Human Beings in the Built Environment (London, 2011)

Cadwell, Michael, Strange Details (Cambridge, ma, 2007)

Casey, Edward S., Getting Back Into Place: Toward a Renewed Understanding of the Place-world (Bloomington, in, 1993)

_____, Remembering: A Phenomenological Study (Bloomington, in, 2000)

Chandler, Marilyn, Dwelling in the Text: Houses in American Fiction (Berkeley, ca, 1991)

Choisy, Auguste, Histoire de l'architecture, 2 vols (Paris, 1899)

Cohen, Jean-Louis, and Staffan Ahrenberg, eds, Le Corbusier's Secret Laboratory: From Painting to Architecture (Ostfildern, 2013)

Collins, Peter, Changing Ideals in Modern Architecture (Montreal, 1967)

200

Colomina, Beatriz, Privacy and Publicity (Cambridge, ma, 1994)

Creagh, Lucy, Helena Kålberg and Barbara Miller Lane, eds, Modern Swedish Design: Three Founding Texts (New York, 2008)

Dewey, John, Art as Experience (New York, 1934)

Evans, Robin, The Projective Cast: Architecture and its Three Geometries (Cambridge, ma, 1995)

_____, Translations from Drawing to Building and Other Essays (Cambridge, ma, 1997)

Frampton, Kenneth, Le Corbusier (London, 2001)

_____, Studies in Tectonic Culture (Cambridge, 1995)

Fryer, Judith, Felicitous Space: The Imaginative Structures of Edith Wharton and Willa Cather (Chapel Hill, NC, 1986)

Fuss, Diana, The Sense of an Interior: Four Writers and the Rooms that Shaped Them (London, 2004)

Gargiani, Roberto, and Anna Rosellini, Le Corbusier: Béton Brut and Ineffable Space, 1940 – 1965, Surface Materials and Psychophysiology of Vision (Lausanne, 2011)

Gibson, James J., The Ecological Approach to Visual Perception (New York, 2015)

Giedion, Sigfried, Space, Time and Architecture: The Growth of a New Tradition (Cambridge, ma, 1941)

Grabow, Stephen, and Kent Spreckelmeyer, The Architecture of Use: Aesthetics and Function in Architectural Design (New York, 2015)

Gregotti, Vittorio, Inside Architecture (Cambridge, ma, 1996)

Hall, Edward, The Hidden Dimension (New York, 1966)

Harries, Karsten, The Ethical Function of Architecture (Cambridge, ma, 1997)

Harris, Mary Emma, The Arts at Black Mountain College (Cambridge, 1987)

Harrison, Robert Pogue, Forests: Shadows of Civilization (Chicago, il, 1992)

Heidegger, Martin, Martin Heidegger: Basic Writings, ed. David F. Krell (New York, 1977)

_____, Poetry, Language, Thought, trans. Martin Hofstadter (New York, 1971)

Her, Jan de, The Architectonic Colour: Polychromy in the Purist Architecture of Le Corbusier (Rotterdam, 2009)

Hertzberger, Herman, Architecture and Structuralism: The Ordering of Space (Rotterdam, 2015)

_____, Lessons for Students of Architecture (Rotterdam, 1991)

_____, Space and the Architect: Lessons in Architecture 2 (Rotterdam, 2000)

_____, Space and Learning: Lessons in Architecture 3 (Rotterdam, 2008)

Hildebrand, Grant, The Wright Space: Pattern and Meaning in Frank Lloyd Wright's Houses (Seattle, wa, 1991)

Holl, Steven, Steven Holl: Architecture Spoken (New York, 2007)

_____, Juhani Pallasmaa and Alberto Perez-Gomez, Questions of Perception: Phenomenology in Architecture (Tokyo, 1994)

Jones, Peter Blundell, and Mark Meagher, eds, Architecture and Movement (New York, 2015)

Kahn, Louis, Light is the Theme (Fort Worth, tx, 1975)

Latour, Alessandra, ed., Louis I. Kahn: Writings, Lectures, Interviews (New York, 1991)

Le Corbusier, Creation is a Patient Search (New York, 1960)

———, Precisions: On the Present State of Architecture and City Planning, trans. Edith S. Aujame (Cambridge, ma, 1991)

———, Towards a New Architecture, trans. Frederick Etchells (New York, 1960)

———, The Modulor, trans. Peter de Francia and Anna Bostock (Cambridge, MA, 1954)

———, Urbanisme (Paris, 1925), published in English as The City of To-Morrow and Its Planning, trans. Frederick Etchells (New York, 1929)

Leatherbarrow, David, Architecture Oriented Otherwise (New York, 2009)

———, Uncommon Ground (Cambridge, ma, 2000)

Ligtelijn, Vincent, ed., Aldo van Eyck: Works (Basel, 1999)

———, and Francis Strauven, eds, Aldo van Eyck: Writings, vol. i: The Child, The City and the Artist (Amsterdam, 2008)

———, Aldo van Eyck: Writings, vol. II: Collected Articles and Other Writings, 1947–1998 (Amsterdam, 2008)

Loos, Adolf, Adolf Loos: Spoken into the Void, Collected Essays, 1897–1900 (Cambridge, ma, 1982)

Magyar, Peter, Spaceprints: A Handbook of Applied Topology in Architecture (Auburn, al, 1984)

Malaparte, Curzio, The Skin, trans. David Moore (New York, 2013)

Mallgrave, Harry Francis, The Architect's Brain: Neuroscience, Creativity and Architecture (Chichester, 2010)

Malnar, Joy Monice, and Frank Vodvarka, Sensory Design (Minneapolis, mn, 2004)

Malpas, J. E., Place and Experience: A Philosophical Topography (Cambridge, 1999)

Mawer, Simon, The Glass Room (New York, 2009)

McCarter, Robert, Aalto (London, 2014)

———, Aldo van Eyck (New Haven, ct, 2015)

———, Carlo Scarpa (London, 2013)

———, Frank Lloyd Wright (London, 1997)

———, Louis I. Kahn (London, 2005)

———, ed., On and By Frank Lloyd Wright: A Primer of Architectural Principles (London, 2005)

———, and Juhani Pallasmaa, Understanding Architecture: A Primer on Architecture as Experience (London, 2012)

Merleau-Ponty, Maurice, Phenomenology of Perception, trans. Colin Smith (London, 1962)

Moretti, Luigi, Luigi Moretti: Works and Writings, ed. Federico Bucci and Marco
       Mulazzani (New York, 2002)
Neutra, Richard, Survival through Design (London, 1954)
Okakura Kakuzō, The Book of Tea (Tokyo, 1956)
Pallasmaa, Juhani, Encounters: Juhani Pallasmaa, Architectural Essays, ed. Peter
       MacKeith (Helsinki, 2005)
————, Encounters 2: Juhani Pallasmaa, Architectural Essays, ed. Peter
       MacKeith (Helsinki, 2012)
————, The Embodied Image (Chichester, 2011)
————, The Eyes of the Skin (London, 1996)
————, The Thinking Hand (Chichester, 2009)
Pfeiffer, Bruce Brooks, ed., Frank Lloyd Wright: Collected Writings, vol. I: 1894–
       1930 (New York, 1992)
————, Frank Lloyd Wright: Collected Writings, vol. ii: 1930–1932 (New York,
       1992)
————, Frank Lloyd Wright: Collected Writings, vol. iii: 1931–1939 (New York,
       1993)
————, Frank Lloyd Wright: Collected Writings, vol. iv: 1939–1949 (New York,
       1994)
————, Frank Lloyd Wright: Collected Writings, vol. v: 1949–1959 (New York,
       1995)
Proun, Jules D., and Karen E. Denavit, eds, Louis Kahn in Conversation: Inter-
       views with John W. Cook and Heinrich Klotz (New Haven, ct, 2015)
Quinan, Jack, Frank Lloyd Wright's Larkin Building (Cambridge, 1987)
Rasmussen, Stein Eiler, Experiencing Architecture (Cambridge, ma, 1959)
Rilke, Rainer Maria, The Notebook of Malte Laurids Brigge (London, 1930)
Risselada, Max, ed., Raumplan Versus Plan Libre: Adolf Loos and Le Corbusier,
       1919–1930 (Delft, 1988)
Robinson, Sarah, Nesting: Body, Dwelling, Mind (San Francisco, ca, 2011)
Samuel, Flora, Le Corbusier and the Architectural Promenade (Basel, 2010)
Satler, Gail, Frank Lloyd Wright's Living Space (DeKalb, il, 1999)
Stokes, Adrian, The Critical Writings of Adrian Stokes, vol. i: 1930–1937 (London,
       1978)
————, The Critical Writings of Adrian Stokes, vol. ii: 1937–1958 (London, 1978)
————, The Critical Writings of Adrian Stokes, vol. iii: 1955–1967 (London, 1978)
Tanizaki, Jun'ichiro, In Praise of Shadows, trans. Thomas J. Harper and Edward G.
       Seidensticker (New Haven, ct, 1977)
Taylor, Mark, and Julie Ann Preston, Intimus: Interior Design Theory Reader
       (Chichester, 2006)
Thoreau, Henry David, Walden; or, Life in the Woods (New York, 1985)
Troy, Nancy J., The De Stijl Environment (Cambridge, ma, 1983)
Tuan, Yi-Fu, Space and Place: The Perspective of Experience (Minneapolis, mn,

1977)

Tyng, Alexandra, Beginnings: Louis I. Kahn's Philosophy of Architecture (New York, 1984)

Utzon, Jorn, 'Platforms and Plateaus: Ideas of a Danish Architect', Zodiac, x (1962), pp. 113–41

Valéry, Paul, Paul Valéry: An Anthology, selected and intro. by James R. Lawler (Princeton, nj, 1965)

——, Paul Valéry: Dialogues, trans. W. M. Stewart (New York, 1956)

Van der Laan, Dom Hans, Architectonic Space (Leiden, 1983)

Weinthal, Lois, Toward a New Interior: An Anthology of Interior Design Theory (New York, 2011)

Wilkin, Karen, Georges Braque (New York, 1991)

Wilson, Colin St John, The Other Tradition of Modern Architecture (London, 1995)

Wright, Frank Lloyd, An American Architecture (New York, 1955)

——, An Autobiography (New York, 1932)

——, The Future of Architecture (New York, 1953)

——, In the Cause of Architecture (New York, 1975)

——, The Natural House (New York, 1954)

——, A Testament (New York, 1957)

Wurman, Richard Saul, ed., What Will Be Has Always Been: The Words of Louis I. Kahn (New York, 1991)

Zevi, Bruno, Architecture as Space (New York, 1957)

Zumthor, Peter, Atmospheres (Basel, 2006)

——, Thinking Architecture (Basel, 2006)

| 미주 |

하나. 건축의 기원, 내부 공간

1 The Japanese culture of blackness and shadows is documented in Jun'ichiro Tanizaki, In Praise of Shadows, trans. Thomas J. Harper and Edward G. Seidensticker (New Haven, CT, 1977).

2 Frank Lloyd Wright, An American Architecture (New York, 1955), pp. 217-19..

3 Ibid., p. 80

4 Okakura Kakuzō, The Book of Tea (Tokyo, 1956), p. 45.

5 John Dewey, Art as Experience (New York, 1980), p. 209.

6 Wright, An American Architecture, pp. 208-10.

7 Le Corbusier, Oeuvre complète, 1946-1952, ed. W. Boesiger (Zurich, 1953), p. 186.

8 Le Corbusier and Jean Petit, Un couvent de Le Corbusier (Paris, 1961), p. 20.

9 Le Corbusier, letter to Edgar Varèse, 12 June 1956, Fondation Le Corbusier, g2.20.516-517, quoted in Roberto Gargiani and Anna Rosellini, Le Corbusier: Béton Brut and Ineffable Space, 1940-1965, Surface Materials and Psychophysiology of Vision (Lausanne, 2011), p. 465.

10 Louis Kahn, 'The Room, the Street, and Human Agreement' [1971], in Louis I. Kahn: Writings, Lectures, Interviews, ed. Alessandra Latour (New York, 1991), p. 263.

11 Louis Kahn, What Will Be Has Always Been: The Words of Louis I. Kahn, ed. Richard Saul Wurman (New York, 1991), p. 85.

12 Kahn, 'The Room, the Street, and Human Agreement', p. 265.

13 Kahn, What Will Be Has Always Been, p. 248.

14 Kahn, 'The Room, the Street, and Human Agreement', p. 264.

15 Kahn, 'How'm I doing, Corbusier?' [1972], in Louis I. Kahn: Writings, Lectures, Interviews, pp. 298-9.

16 Steven Holl, Steven Holl: Architecture Spoken (New York, 2007), p. 274.

17 Tod Williams and Billie Tsien, 'What Lasts', lecture given at Washington

University in St Louis, Missouri, 30 January 2009; from the author's notes taken at the lecture.

18   T od Williams and Billie Tsien, quoted in Michael Welton, ed., Drawing from Practice (London, 2015), p. 208.

19   Adrian Stokes, 'Smooth and Rough' [1951], in The Critical Writings of Adrian Stokes (London, 1978), vol. ii, p. 241.

20   Adrian Stokes, 'The Stones of Rimini' [1934], in The Critical Writings of Adrian Stokes, vol. i, p. 258.

21   Ibid., p. 235.

22   Adrian Stokes, 'The Invitation in Art' [1965], in The Critical Writings of Adrian Stokes, vol. iii, p. 277.

23   Adrian Stokes, 'The Stones of Rimini', p. 229.

둘. 친밀한 내부 경험과 낯선 외부 형태

1   During the 1990s, when I was Director of the School of Architecture at the University of Florida, at the beginning of the school year the 300 new freshman architecture and design students were asked to name their favourite architect, with some 98 per cent typically responding 'Frank Lloyd Wright', and then they were asked if they had ever visited a building designed by that architect, to which only 1 per cent responded in the affirmative — they 'knew' Wright's work only through photographs of it.

2   Alvar Aalto, quoted in Colin St John Wilson, The Other Tradition of Modern Architecture (London, 1995), p. 123.

3   Frank Lloyd Wright, 'Reply to Mr Sturgis's Criticism', in In the Cause of Architecture (Buffalo, ny, 1909), reprinted in Jack Quinan, Frank Lloyd Wright's Larkin Building (Cambridge, ma, 1987), p. 166.

4   Josef Albers, 'On General Education and Art Education', quoted in Mary Emma Harris, The Arts at Black Mountain College (Cambridge, ma, 1987), p. 17.

5   Wilfried Wang, 'Architecture as Art', in Alterstudio Architecture, 6 Houses (Oxford, oh, 2014), pp. 8–9.

6   Aldo van Eyck, Aldo van Eyck: Writings, ed. Vincent Ligtelijn and Francis Strauven (Amsterdam, 2008), vol. i, p. 63.

7   David Van Zanten, 'Kahn and Architectural Composition', unpublished paper read on 24 January 2004, 'Engaging Louis I. Kahn: A Legacy for the Future', conference, 23–24 January 2004, Yale University; courtesy of David Van Zanten.

8   Louis Kahn, quoted in 'Kahn on Beaux-Arts Training', ed. William Jordy,

Architectural Review, clv (June 1974), p. 332.

9   Frank Lloyd Wright, Frank Lloyd Wright: Collected Writings, 1894–1930, ed. Bruce Brooks Pfeiffer (New York, 1992), vol. i, p. 24; vol. ii, p. 205.

10   Ibid., vol. i, p. 36. Wright later restated this even more explicitly: 'for buildings are the background or framework for the human life within their walls'; Frank Lloyd Wright, An American Architecture (New York, 1955), p. 53.

11   Walter Benjamin, 'The Work of Art in the Age of Mechanical Reproduction', in Illuminations: Walter Benjamin, ed. Hannah Arendt (New York, 1969), pp. 239–40.

12   Martin Heidegger, 'The Thing', in Poetry, Language, Thought, ed. Albert Hofstadter (New York, 1971), pp. 168–9.

13   Juhani Pallasmaa, The Eyes of the Skin (London, 1996), p. 10. Pallasmaa followed this first book, an instant classic, with two other equally succinct arguments for all the senses to be re-engaged in architecture; The Thinking Hand (2009) and The Embodied Image (2011).

14   Ibid., pp. 29, 32.

15   Juhani Pallasmaa, 'On Atmosphere', in Encounters 2: Juhani Pallasmaa, Architectural Essays, ed. Peter MacKeith (Helsinki, 2012), p. 239.

16   Juhani Pallasmaa, 'Touching the World', introduction to 2nd edn of The Eyes of the Skin (Chichester, 2005), p. 13.

17   Georges Braque, quoted in Serge Fauchereau, Braque, trans. Kenneth Lyons (New York, 1987), p. 30.

18   Georges Braque, quoted in Karen Wilkin, Georges Braque (New York, 1991), p. 50.

19   Ibid.

20   Ibid., pp. 102–3.

21   Ibid., p. 46.

22   Braque, quoted in Fauchereau, Braque, p. 24.

23   John Dewey, Art as Experience (New York, 1934), p. 237.

24   Wright, as quoted by his apprentice Bob Mosher in a 1977 letter, in Donald Hoffmann, Frank Lloyd Wright's Fallingwater (New York, 1978), p. 17.

25   Wright, in an interview with Hugh Downs, 1953, quoted in Frank Lloyd Wright, The Future of Architecture (New York, 1953), p. 16.

26   Kenneth Frampton, Studies in Tectonic Culture (Cambridge, ma, 1995), p. 1.

27   Paul Valéry, 'Introduction to the Method of Leonardo', in Paul Valéry: An Anthology, selected and intro. by James R. Lawler (Princeton, nj, 1965), p. 82.

28   Aldo van Eyck, Aldo van Eyck: Writings, ed. Vincent Ligtelijn and Francis Strauven (Amsterdam, 2008), vol. 1, p. 548.

셋. 내부 공간에 관한 초기 근대 건축 개념 세 가지

1   Frank Lloyd Wright, In the Cause of Architecture [1908] (New York, 1975), p. 56. This was published twenty years before Le Corbusier wrote an almost identical definition.

2   Ibid., p. 153.

3   'W oven plan' is a term developed by the author in writings on the three early Modern plan types. This was necessitated by the fact that Wright never gave a name to his Prairie period floor plan type, such as the names Raumplan and plan libre, coined for Adolf Loos (by his student Kulka) and by Le Corbusier himself, respectively, to identify what they perceived as their contributions to the development of the modern floor plan. While Wright's plan type has sometimes been called 'open plan', openness in Modern planning is not unique to Wright, and is not particularly descriptive of what makes Wright's plans notable.

4   The evolution of all the Prairie house plans from the Wright House was definitively demonstrated by Patrick Pinnell, 'Academic Traditions and Individual Talent' [1991], in Frank Lloyd Wright: A Primer on Architectural Principles, ed. Robert McCarter (New York, 1991), and On and By Frank Lloyd Wright: A Primer of Architectural Principles, ed. Robert McCarter (London, 2005).

5   John Dewey, Art as Experience (New York, 1934), p. 209.

6   Frank Lloyd Wright, An Autobiography (New York, 1932), p. 34.

7   Frank Lloyd Wright, A Testament (New York, 1957), p. 224.

8   Ibid., p. 220.

9   Frank Lloyd Wright [1925], The Life-work of Frank Lloyd Wright, Wendingen (reprinted New York, 1965), p. 57.

10   Frank Lloyd Wright, Frank Lloyd Wright: Writings and Buildings, ed. E. Kaufmann Jr and B. Raeburn (New York, 1960), p. 220.

11   This concept was later precisely articulated in the Danish architect Jørn Utzon's essay, 'Platforms and Plateaus: Ideas of a Danish Architect', Zodiac, x (1962), pp. 113–41.

12   Wright, An American Architecture (New York, 1955), p. 146.

13   Frank Lloyd Wright, In the Cause of Architecture [1908] (New York, 1975), p. 153.

14   The word Raumplan was first used to describe Loos's design concept by his student Heinrich Kulka, in the first book on Loos's work, Adolf Loos (Vienna, 1931). Adolf Loos, quoted in Raumplan Versus Plan Libre: Adolf Loos and Le Corbusier, 1919–1930, ed. Max Risselada (Delft, 1988), p. 78.

15   Ibid.

16   Ibid., p. 46.

17   Ibid., p. 141.

18   Adolf Loos, 'The Principle of Cladding' [1898], in Adolf Loos: Spoken into the Void, Collected Essays, 1897–1900 (Cambridge, 1982), p. 66.

19   Adolf Loos, 'Regarding Economy', in Raumplan Versus Plan Libre, ed. Risselada, pp. 137–8.

20   Adolphe Appia, L'Oeuvre d'art vivant (Paris, 1921), p. 24, quoted in Jan de Her, The Architectonic Colour: Polychromy in the Purist Architecture of Le Corbusier (Rotterdam, 2009), p. 111.

21   Le Corbusier [1930], Precisions: On the Present State of Architecture and City Planning (Cambridge, MA, 1991), p. 51.

22   Kenneth Frampton, Le Corbusier (London, 2001), p. 79.

넷. 공간 경험에서 시선과 움직임의 동선

1   Frank Lloyd Wright, 'In the Cause of Architecture', Architectural Record (May 1914), reprinted in Frank Lloyd Wright: Collected Writings, 1894–1930 (New York, 1992), vol. i, pp. 129, 127. 'Progress before precedent' was the contemporary slogan of the Architectural League.

2   Ibid., p. 94.

3   Marcel Breuer, Marcel Breuer: Buildings and Projects, 1921–1961 (New York, 1962), p. 253.

4   Marcel Breuer [1955], in Marcel Breuer: Sun and Shadow, The Philosophy of an Architect, ed. Peter Blake (London, 1956), p. 64.

5   Le Corbusier [1923], Vers une architecture, trans. Frederick Etchells as Towards a New Architecture (New York, 1960), p. 66.

6   Colin Rowe, 'The Mathematics of the Ideal Villa' [1947], in The Mathematics of the Ideal Villa and Other Essays (Cambridge, ma, 1976).

7   Henri Bergson, Time and Free Will, trans. F. L. Pogson (London, 1913), p. xix.

8   Ibid., pp. 112, 120.

9   Jay Appleton, The Experience of Landscape (New York, 1975), pp. 63–7.

10   Grant Hildebrand, The Wright Space: Pattern and Meaning in Frank Lloyd Wright's Houses (Seattle, wa, 1991).

11   Vincent Scully, quoted in John Sergeant, 'Frank Lloyd Wright's Use of Movement', in Architecture and Movement, ed. Peter Blundell Jones and Mark Meagher (New York, 2015), p. 57.

12   Frank Lloyd Wright, An American Architecture (New York, 1955), p. 61.

13   Paul Valéry, Paul Valéry: Dialogues, trans. W. M. Stewart (New York, 1956), pp. 89–90, 93.

14   Paul Valéry, Paul Valéry: An Anthology, selected and intro. by James R. Lawler (New York, 1956), p. 49.

15   John Berger, 'The Moment of Cubism' [1969], in John Berger: Selected Essays, ed. Geoff Dyer (New York, 2001), p. 86.

16   Josef Albers and François Bucher, Despite Straight Lines (Cambridge, ma, 1961), p. 52.

17   Colin Rowe and Robert Slutzky, 'Transparency: Literal and Phenomenal' [1956], in Transparency (Basel, 1997), p. 22.

다섯. 내부 공간의 형성과 장소의 경계

1   Aldo van Eyck, describing the work of Gerrit Rietveld at the time of Rietveld's death, 'The Ball Bounces Back' and 'Squares with a Smile', in Aldo van Eyck: Writings, ed. Vincent Ligtelijn and Francis Strauven (Amsterdam, 2008), vol. ii, pp. 145-7, 156.

2   Auguste Choisy, Histoire de l'architecture, 2 vols (Paris, 1899). Choisy's Histoire, so important to the development of modern architecture, has, since the last (1903) edition, almost disappeared.

3   Luigi Moretti, 'Strutture e sequenze di spazi', Spazio, v11 (December 1952-April 1953), published in English, trans. Thomas Stevens, in Oppositions, iv (New York, 1974), pp. 123-39.

4   Ibid., p. 138.

5   Luigi Moretti, 'Structures and Sequences of Spaces', trans. Marina de Conciliis, in Luigi Moretti: Works and Writings, ed. Federico Bucci and Marco Mulazzani (New York, 2002), p. 181.

6   Ibid.

7   Peter Magyar, Spaceprints: A Handbook of Applied Topology in Architecture (Auburn, al, 1984).

8   Peter Magyar, Thought Palaces (Amsterdam, 1998), p. 11. Magyar's drawing research has continued in ThinkInk (Dubuque, IA, 2010) and several other books.

9   Dom Hans van der Laan, Architectonic Space (Leiden, 1983), pp. 44, 11-12.

10   Ibid., pp. 12, 15, 16, 18, 63.

11   Carlo Scarpa, 'Furnishings' [1964], in Carlo Scarpa: The Complete Works, ed. Francesco Dal Co and Giuseppe Mazzariol (New York, 1984), p. 282.

12   Martin Heidegger, 'Building Dwelling Thinking' [1954], in Martin Heidegger: Basic Writings, ed. David F. Krell (New York, 1977), pp. 323, 332.

13   Frank Lloyd Wright, An American Architecture (New York, 1955), p. 61.

14   Aldo van Eyck, 'The Inner Horizon in Wright's Imperial Hotel' [1966]

and 'On Frank Lloyd Wright's Imperial Hotel' [1968], in Aldo van Eyck: Writings, vol. ii, pp. 477–8. The second statement was from a letter written to the prime minister of Japan as part of a campaign to save the Imperial Hotel, but it was destroyed later that year to make way for a high-rise hotel.

15 A. S. Eddington, The Nature of the Physical World (New York, 1928), p. 83.

16 Roberto Gargiani and Anna Rosellini, Le Corbusier: Béton Brut and Ineffable Space, 1940–1965, Surface Materials and Psychophysiology of Vision (Lausanne, 2011), pp. 393–4.

17 Le Corbusier, Ronchamp (Zurich, 1957), p. 120.

18 Gargiani and Rosellini, Le Corbusier: Béton Brut and Ineffable Space, p. 491.

19 Le Corbusier, *The Modulor* [1948] (Cambridge, ma, 1954), p. 78.

20 Yvonne Farrell, 'Nothing is Something', interview, Ljubljana, Slovenia, *Architect's Bulletin* (December 2009), p. 104.

여섯. 공간들의 사회와 만남의 장소

1 Louis Kahn, 'I Love Beginnings' [1972], in *Louis I. Kahn: Writings, Lectures, Interviews*, ed. Alessandra Latour (New York, 1991), p. 291.

2 Louis Kahn, *What Will Be Has Always Been: The Words of Louis I. Kahn*, ed. Richard Saul Wurman (New York, 1986), p. 47.

3 Louis Kahn, quoted in Alexandra Tyng, *Beginnings: Louis I. Kahn's Philosophy of Architecture* (New York, 1984), p. 175.

4 Kahn, 'An Architect Speaks his Mind' [1972], in *Louis I. Kahn: Writings, Lectures, Interviews*, ed. Latour, p. 294.

5 Kahn, 'The Room, the Street, and Human Agreement' [1971], in *Louis I. Kahn: Writings, Lectures, Interviews*, ed. Latour, p. 264.

6 Kahn, 'Spaces Order and Architecture' [1957], in *Louis I. Kahn: Writings, Lectures, Interviews*, ed. Latour, p. 75.

7 Kahn, 'Silence and Light' [1969], in *Louis I. Kahn: Writings, Lectures, Interviews*, ed. Latour, p. 244.

8 Kahn, 'Marin City Redevelopment' [1960], in *Louis I. Kahn: Writings, Lectures, Interviews*, ed. Latour, p. 111.

9 Louis Kahn, transcribed notes of studio discussion, University of Pennsylvania, 5 December 1960; from author's collection.

10 Kahn, 'On Philosophical Horizons' [1960] and 'Form and Design' [1961], in *Louis I. Kahn: Writings, Lectures, Interviews*, ed. Latour, pp. 10, 116.

11 Kahn, 'A Statement' [1962], in *Louis I. Kahn: Writings, Lectures, Inter-*

views, ed. Latour, p. 152.

12   Kahn, *What Will Be Has Always Been*, pp. 202–3.

13   Kahn, 'Talks with Students' [1964], in *Louis I. Kahn: Writings, Lectures, Interviews*, ed. Latour, p. 164.

14   Luis Barragán, quoted by Kahn, 'Silence' [1968], in *Louis I. Kahn: Writings, Lectures, Interviews*, ed. Latour, p. 233.

15   Kahn, 'Remarks' [1965], in *Louis I. Kahn: Writings, Lectures, Interviews*, ed. Latour, p. 206.

16   Louis Kahn, *Louis Kahn in Conversation: Interviews with John W. Cook and Heinrich Klotz*, ed. Jules D. Prown and Karen E. Denavit (New Haven, ct, 2015), p. 167.

17   Ibid., p. 71.

18   Kahn, *What Will Be Has Always Been*, p. 257.

19   Ibid., p. 79.

20   Louis Kahn, 'Princeton 1961', lecture, Box 65, LIK Collection; quoted in Sarah Goldhagen, *Louis Kahn's Situated Modernism* (New Haven, ct, 2001), p. 198.

21   Kahn, 'Form and Design' [1961], in *Louis I. Kahn: Writings, Lectures, Interviews*, ed. Latour, p. 114.

22   Gail Satler, *Frank Lloyd Wright's Living Space* (Dekalb, il, 1999), pp. xii, 8, 12, 110, 114.

23   Ibid., pp. 81, 82.

24   Robin Evans, 'Figures, Doors and Passages', in *Translations from Drawing to Building and Other Essays* (Cambridge, ma, 1997), p. 56.

25   Ibid., pp. 69, 87, 79, 85.

26   Ibid., pp. 88–90.

일곱. 친밀함과 광대함을 지닌 중첩된 장소

1   Gaston Bachelard, *The Poetics of Space* [1958], first published in English in 1964, trans. Maria Jolas (Boston, ma, 1969).

2   Ibid., pp. xxxiv, 3, 7, 15.

3   Ibid., pp. 17, 22, 37.

4   Georges Spyridaki, *Morte lucide* (Paris, 1953), p. 35, quoted in Bachelard, *The Poetics of Space*, p. 51.

5   Bachelard, *The Poetics of Space*, pp. 47, 85–6, 88, 107.

6   Ibid., pp. 90–91; quote is from Victor Hugo, *Notre-Dame de Paris* (1832 restored edition), Book IV, Chapter 3.

7   Bachelard, *The Poetics of Space*, pp. 101, 131.

8   Ibid., pp. 136, 146, 171, 174.

9   Herman Hertzberger, *The Future of Architecture* (Rotterdam, 2013), p. 55.

10   Bachelard, *The Poetics of Space*, pp. 186, 203.

11   RalphWaldoEmerson,*Emerson:EssaysandLectures*(NewYork,1983), p. 487.

12   Bachelard, *The Poetics of Space*, pp. 190, 193.

13   Ibid., pp. 215, 108, 218, 217, 226.

14   Ibid., p. 215.

15   Edward T. Hall, *The Hidden Dimension* (New York, 1966), p. 51.

16   Harry Mallgrave, *The Architect's Brain: Neuroscience, Creativity and Architecture* (Chichester, 2010), pp. 149, 151. Among the works cited by Mallgrave are Semir Zeki, *Inner Vision: An Exploration of Art and the Brain* (Oxford, 1999), and 'The Neurology of Ambiguity,' *Consciousness and Cognition*, XIII/1 (March 2004).

17   Wright, *An American Architecture* (New York, 1955), p. 194.

18   John Dewey, *Art as Experience* (New York, 1934), p. 213.

19   Leon Battista Alberti, *On the Art of Building*, Book 1, Part 9 (Cambridge, ma, 1988), p. 23.

20   Peter Zumthor, *Thinking Architecture* (Basel, 2006), pp. 22, 72.

21   Vittorio Gregotti, *Inside Architecture* (Cambridge, ma, 1996), pp. 70 – 71.

22   Michael Cadwell,'Swimmingat the Querini Stampalia', in *Strange Details* (Cambridge, ma, 2007), p. 12.

23   Peter Noever, 'Reminiscences', in *Carlo Scarpa: The Other City / Die Andere Stadt* (Berlin, 1989), p. 8.

여덟. 경험과 기억을 위한 공간 만들기

1   Edward Hall, The Hidden Dimension (New York, 1969), pp. 106-7.

2   Juhani Pallasmaa, 'The Rooms of Memory', in Understanding Architecture: A Primer on Architecture as Experience, ed. Robert McCarter and Juhani Pallasmaa (London, 2012), p. 257.

3   Pallasmaa, 'Memory and the Lifeworld', in Understanding Architecture, p. 329.

4   Arnaud quote is from Bachelard, The Poetics of Space, trans. Maria Jolas (Boston, MA, 1969), p. 137; Pallasmaa, Understanding Architecture, p. 331.

5   Henri Bergson, Matter and Memory [1908 edn], trans. N. M. Paul and W. S. Palmer (New York, 1988), pp. 31, 81.

6   Ibid., pp. 138–9, 233.

7   Edward S. Casey, Remembering: A Phenomenological Study [1987] (Bloomington, in, 2000), p. 172.

8   Edmund Husserl, Experience and Judgement, quoted ibid., p. 181.

9   Casey, Remembering, pp. 182, 186; Casey references Aristotle, Physics, 212a 28–31 (Ross translation).

10   Casey, Remembering, pp. 190, 193, 197, 215.

11   Frank Lloyd Wright, 'The Meaning of Materials—Glass: In the Cause of Architecture', essay written for Architectural Record (July 1928), in In the Cause of Architecture, ed. F. Gutheim (New York, 1975), pp. 197, 202.

12   Robert Pogue Harrison, Forests: Shadows of Civilization (Chicago, il, 1992), p. 232.

13   Ibid., pp. 233–5.

14   Le Corbusier, Urbanisme (Paris, 1925), p. 174. This phrase was changed in the later English translation, where instead of 'Loos' it says 'A friend'; this noted by Beatriz Colomina, Privacy and Publicity (Cambridge, ma, 1994), p. 234, note on p. 369.

15   Colomina, Privacy and Publicity, p. 234.

16   Louis Kahn, quoted in Henry Plummer, Masters of Light (Tokyo, 2003), p. 195.

17   Louis Kahn, Light is the Theme (Fort Worth, tx, 1975), p. 12.

18   Le Corbusier, Une petite maison (Zurich, 1954), pp. 22–3.

19   Diana Fuss, The Sense of an Interior: Four Writers and the Rooms that Shaped Them (London, 2004), pp. 2, 151, 19, 154.

20   Marilyn Chandler, Dwelling in the Text: Houses in American Fiction (Berkeley, CA, 1991), pp. 31, 157, 179. Henry David Thoreau, Walden; or, Life in the Woods (New York, 1985), pp. 434–5.

21   Rainer Maria Rilke, The Notebook of Malte Laurids Brigge (London, 1930), pp. 24, 44.

22   Simon Mawer, The Glass Room (New York, 2009), pp. 3–4, 404.

23   André Breton, Nadja [1928], trans. Richard Howard (New York, 1960), p. 18.

24   Curzio Malaparte, Fughe in Prigione (Escapes in Prison) (Milan, 1943), foreword to 2nd edition.

25   Curzio Malaparte, The Skin [1949], trans. David Moore (New York, 2013), p. 207.

아홉. 외부 환경의 내부 경험

1   Aldo van Eyck [1962], in Aldo van Eyck: Writings, ed. Vincent Ligtelijn and Francis Strauven (Amsterdam, 2008), vol. I, p. 24.

2   Frank Lloyd Wright, The Natural House (New York, 1954), p. 44.

3   Frank Lloyd Wright, In the Cause of Architecture [1908], ed. F. Gutheim

(New York, 1975), p. 60.

4   Wright, The Natural House, p. 106.

5   Ibid., p. 150.

6   Ibid., pp. 46-7.

7   Ibid., pp. 175-9.

8   Frank Lloyd Wright, The Future of Architecture (New York, 1953), p. 69.

9   Ibid., pp. 121-3.

10 Reyner Banham, The Architecture of the Well-tempered Environment (Chicago, IL, 1969), p. 121.

11 JohnDewey,ArtasExperience(NewYork,1934), pp.15, 193, 220, 230, 213.

12 Gaston Bachelard, The Poetics of Space, trans. Maria Jolas (Boston, MA, 1969), p. 216.

13 Alvar Aalto, 'From Doorstep to Living Room', in Alvar Aalto in his Own Words, ed. Göran Schildt (New York, 1997), pp. 50-53.

14 David Leatherbarrow, 'Space In and Out of Architecture', in Architecture Oriented Otherwise (New York, 2009), p. 267.

15 Leatherbarrow,'BreathingWalls',inArchitectureOrientedOtherwise,p.34.

16 DavidLeatherbarrow,UncommonGround(Cambridge,MA,2000), pp. 55, 176, 183, 186.

17 Le Corbusier, Precisions (Cambridge, MA, 1991), pp. 77, 78.

18 Beatriz Colomina, Privacy and Publicity (Cambridge, MA, 1994), p. 334.

19 Le Corbusier, March 1951, note in sketchbook E19, No. 398, Fondation Le Corbusier; quoted in Roberto Gargiani and Anna Rosellini, Le Corbusier: Béton Brut and Ineffable Space, 1940-1965, Surface Materials and Psycho-physiology of Vision (Lausanne, 2011), p. 288.

20 Juhani Pallasmaa, 'The Limits of Architecture', in Encounters 2: Juhani Pallasmaa, Architectural Essays, ed. Peter MacKeith (Helsinki, 2012), p. 197.

21 Aldo van Eyck, Aldo van Eyck: Writings, vol. II, pp. 571, 118, 319.

22 Aldo van Eyck, Aldo van Eyck: Works, ed. Vincent Ligtelijn (Basel, 1999), p. 201.

결론. 건축의 시작과 끝으로서의 공간 경험

1   Eileen Gray and Jean Badovici, 'Maison en bord de mer', L'Architecture Vivante (Winter 1929), translated and reprinted in Caroline Constant, Eileen Gray (London, 2000), p. 240.

2   Ibid., p. 239.

3   Eduard Sekler, 'Structure, Construction, Tectonics', in Structure in Art and Science, ed. Gyorgy Kepes (New York, 1965), p. 95.

4   Steven Holl, Steven Holl: Architecture Spoken (New York, 2007), p. 275.
5   Aldo van Eyck, Aldo van Eyck: Writings, ed. Vincent Ligtelijn and Francis Strauven (Amsterdam, 2008), vol. I, p. 49.
6   Louis Kahn (1972), in What Will Be Has Always Been: The Words of Louis I. Kahn, ed. Richard Saul Wurman (New York, 1986), p. 178.

이 책을 처음 접했을 때, 한 건축가의 시선 너머로 펼쳐지는 깊은 사유와 공간의 이야기에 매료되었습니다. 이 책은 건축을 단순히 외형적인 디자인으로만 보지 않고, 그 안에서 삶을 담아내는 공간 경험으로 재정의합니다. 저자가 던지는 질문은 단순하면서도 본질적입니다.

"우리는 공간 안에서 무엇을 느끼며, 그것은 우리 삶에 어떤 의미를 더하는가?"

번역을 하며 매 순간 깊은 울림을 느꼈습니다. 특히 '공간 안에서'라는 개념이 건축의 시작이자 끝이라는 메시지는 건축과 디자인을 대하는 우리의 태도에도 새로운 빛을 비춰주었습니다. 내부 공간은 단순히 물리적 환경이 아니라, 인간의 삶을 감싸 안고, 기억과 정서를 담아내는 살아 있는 그릇입니다. 이 책은 그러한 공간을 만드는 일이 얼마나 섬세하고도 인간적인 작업인지 이야기합니다.

라이트의 '공간 안에서' 개념, 르 코르뷔지에가 말한 '삶을 담는 그릇', 칸이 이야기한 '공간들의 사회'는 이 책을 통해 생생히 되살아납니다. 각각의 사례는 단순한 이론적 접근이 아니라, 우리의 몸과 감각으로 경험하는 공간의 본질을 묘사합니다. 독자 여러분이 이 책을 읽으며 이러한 공간들이 우리 삶에 얼마나 깊이 영향을 미치는지 느낄 수 있기를 바랍니다.

번역 과정은 큰 도전이자 배움의 시간이었습니다. 원문의 문학적이고 철학적인 표현은 단순한 의미 전달을 넘어, 감각적으로 독자를 '공간 안으로' 초대하는 힘을 가지고 있었습니다. 이를 우리말로 옮기면서, 페이지마다 공간 속으로 한 걸음씩 들어가는 기분이 들었습니다.

이 책은 단순히 건축 전문가를 위한 책이 아닙니다. 공간을 사랑하고, 공간 속에서 살아가는 모든 이들을 위한 이야기입니다. 우리가 매일 마주하는 공간과 그것이 불러일으키는 감정, 그리고 그 공간이 우리를 어떻게 변화시키는지에 대해 천천히 생각해볼 수 있는 여유를 선물합니다.

책의 마지막 장을 덮을 때쯤, 독자 여러분도 자신의 주변을 돌아보게 될 것입니다. 아침 햇살이 스며드는 거실 창가, 손이 닿는 책장의 촉감, 그리고 빛과 그림자가 얽히는 작은 방 안의 풍경이 모두 전과는 다르게 느껴질지도 모릅니다. 공간은 결코 정적이지 않습니다. 그것은 매 순간 우리와 함께 호흡하며 새로운 이야기를 만들어갑니다.

이 책을 통해 우리가 사는 공간과 그 경험의 본질을 다시금 발견할 수 있기를 바랍니다. 공간이 단지 눈으로 보는 대상이 아니라, 몸으로 느끼고 마음으로 기억하는 세계임을 깨닫는 과정이 모두에게 울림이 되길 희망합니다. 마지막으로, 번역 과정에서 학생의 시선으로 섬세한 감성과 따스한 열정을 더해 준 가천대학교 실내건축학 전공 김준겸 학부연구생에게 깊은 감사를 전합니다.

지은이·옮긴이 소개

지은이

로버트 맥카터(Robert McCarter)

건축가이자 워싱턴대학교 세인트루이스(Washington University in St. Louis)에 있는 샘 폭스 예술 디자인 학교(Sam Fox School of Art and Design)의 루스 앤드 노먼 무어(Ruth and Norman Moore) 건축학 교수이다. 『프랭크 로이드 라이트(Frank Lloyd Wright)』를 비롯해 다수의 저서가 있다.

옮긴이

박은주

영국 건축협회 건축학교(Architectural Association School of Architecture, AA School)에서 학사와 석사 학위를 취득하고, 서울대학교에서 건축학 박사 학위를 받았다. 박사 과정 중 연구와 교육을 병행하며 창의적 설계 사고와 건축 표현에 관한 학문적 연구를 심화하였으며, 다양한 연구와 프로젝트를 통해 실무 경험을 쌓아왔다.

건축 설계 과정에서의 창의성과 사회적 상호작용을 주요 연구 주제로 삼아 주목받는 활동을 펼치고 있으며, 도시 및 건축 설계, 설계 방법론, 건축 표현 등 건축 전반에 걸친 다양한 주제를 탐구하고 있다. 특히, 건축 교육과 실무에서 현대적 과제를 해결하기 위한 창의적이고 융합적인 설계 접근법을 연구하고 있다. 현재 성균관대학교 건축학과 조교수로 재직 중이며, 현대 건축 교육과 실무의 새로운 방향성을 모색하는 연구와 교육 활동을 이어가고 있다.

이근혜

가천대학교 실내건축학과를 졸업하고, 런던예술대학교 첼시 칼리지(Chelsea College of Arts, University of the Arts London) 공간디자인학과(Interior & Spatial Design)에서 석사와 박사 학위를 취득하였다. 박사 과정 중 런던예술대학교(UAL)에서 강의하며 공간에 대한 학문적 연구와 교육을 병행했으며, 한국과 중국, 영국에서 다채로운 공간 작업과 전시를 선보였다. 특히, 런던의 대표적 디자인 행사인 'Pulse London'에서 젊은 디자이너로 선정되며 주목받는 활동을 펼쳤다.

10여 년간 실무를 통해 공간 디자인의 다양한 면모를 경험하며, '공간 경험'이라는 주제로 다양한 연구와 창작 활동을 지속하고 있다. 전북대학교 주거환경학과를 거쳐 현재 가천대학교 건축학부 조교수로 재직 중이며, AIDIA(아시아실내디자인학회연맹) 사무총장과 한국실내디자인학회 이사로서 공간 디자인의 이론과 실천을 아우르는 활동을 펼치고 있다.

공간 안에서
SPACE WITHIN

1판 1쇄 인쇄 2025년 3월 28일
1판 1쇄 발행 2025년 4월 10일

지은이   로버트 맥카터
옮긴이   박은주·이근혜
펴낸이   유지범
책임편집   구남희
편집   신철호·현상철
외주디자인   심심거리프레스
마케팅   박정수·김지현

펴낸곳   성균관대학교 출판부
등록   1975년 5월 21일 제1975-9호
주소   03063 서울특별시 종로구 성균관로 25-2
전화   02)760-1253~4
팩스   02)760-7452
홈페이지   http://press.skku.edu/

ISBN 979-11-5550-661-5 93540

잘못된 책은 구입한 곳에서 교환해 드립니다.